生物多樣性

守護生態基因庫，
一同為地球物種共生努力

InfoVisual 研究所／著
童小芳／譯

生物多樣性
守護生態基因庫，一同為地球物種共生努力

目次

PART 1
生物多樣性的基礎知識

PART 2
危機正悄悄迫近各種生物

PART 3

人類與生物的關係史

PART 4

為了守護生物多樣性

前言

耗費38億年逐步進化的生物 如今正面臨第六次的大量滅絕

在浩瀚的宇宙中，地球是唯一已經確定有生命存在的星球。我們所居住的地球上充滿各種生物的活動，是獨一無二的存在。

約46億年前地球誕生了。新生的地球被超過1000℃的高熱岩漿所覆蓋，是生物根本無法棲息的環境。地表經過2億多年的冷卻後，產生了海洋。最早的生命體便是在約38億年前誕生於這些海洋之中。

約46億年前 地球誕生

漂浮在宇宙中的物質受到重力拉引而聚集

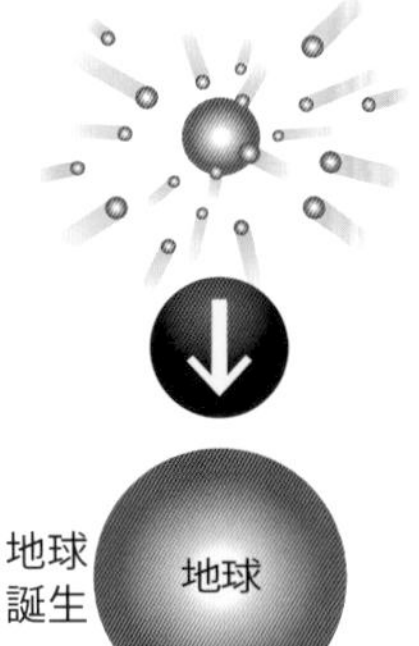

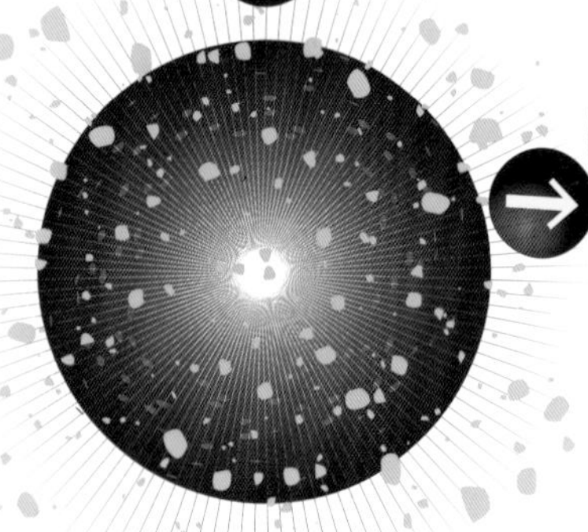

帶有水或冰的小行星與隕石墜落在這顆地球上

地球生命誕生的第1個條件 海洋的產生

地表被水覆蓋，形成海洋

44億年前 出現原始的海洋

地核

地函

地殼

水

地球內部發生地函對流

地球生命誕生的第2個條件 地球磁場的產生

地球得以免受太陽風侵襲

地球磁場

在地球上產生磁場

地函上升，板塊上出現裂痕

地函噴發至海中並引發化學反應，創造出生命的素材

約38億年前 最早的生命體誕生

地球生命誕生的第3個條件 氧氣的產生

約27億年前 藍綠藻開始大繁殖並生成氧氣

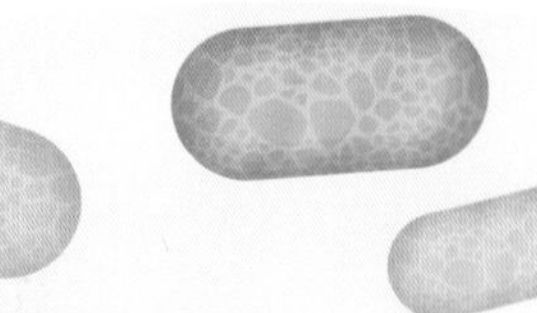

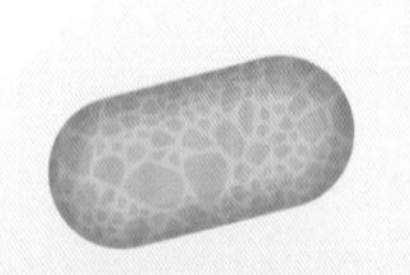

在海中誕生的微小生命體經過了不斷地進化，於約5億4000萬年前的寒武紀時期引發了「寒武紀大爆發」，一下子孕育出各式各樣的生物。

大約是從5～4億年前起，生物開始從海洋登上陸地，先是植物，緊接著是昆蟲類與兩棲類的祖先。生物之所以能夠在陸地上生活，是因為藍綠藻於約27億年前大量繁殖，開始透過光合作用來生成地球以前所沒有的氧氣。

幾億年來一直積存於海中的氧氣被釋放至大氣中，在天空上層形成臭氧層，阻擋從太陽釋放的強烈紫外線。多虧了臭氧層，使得原本只能生活在海中的生物開始進入陸地，並不斷地持續進化。

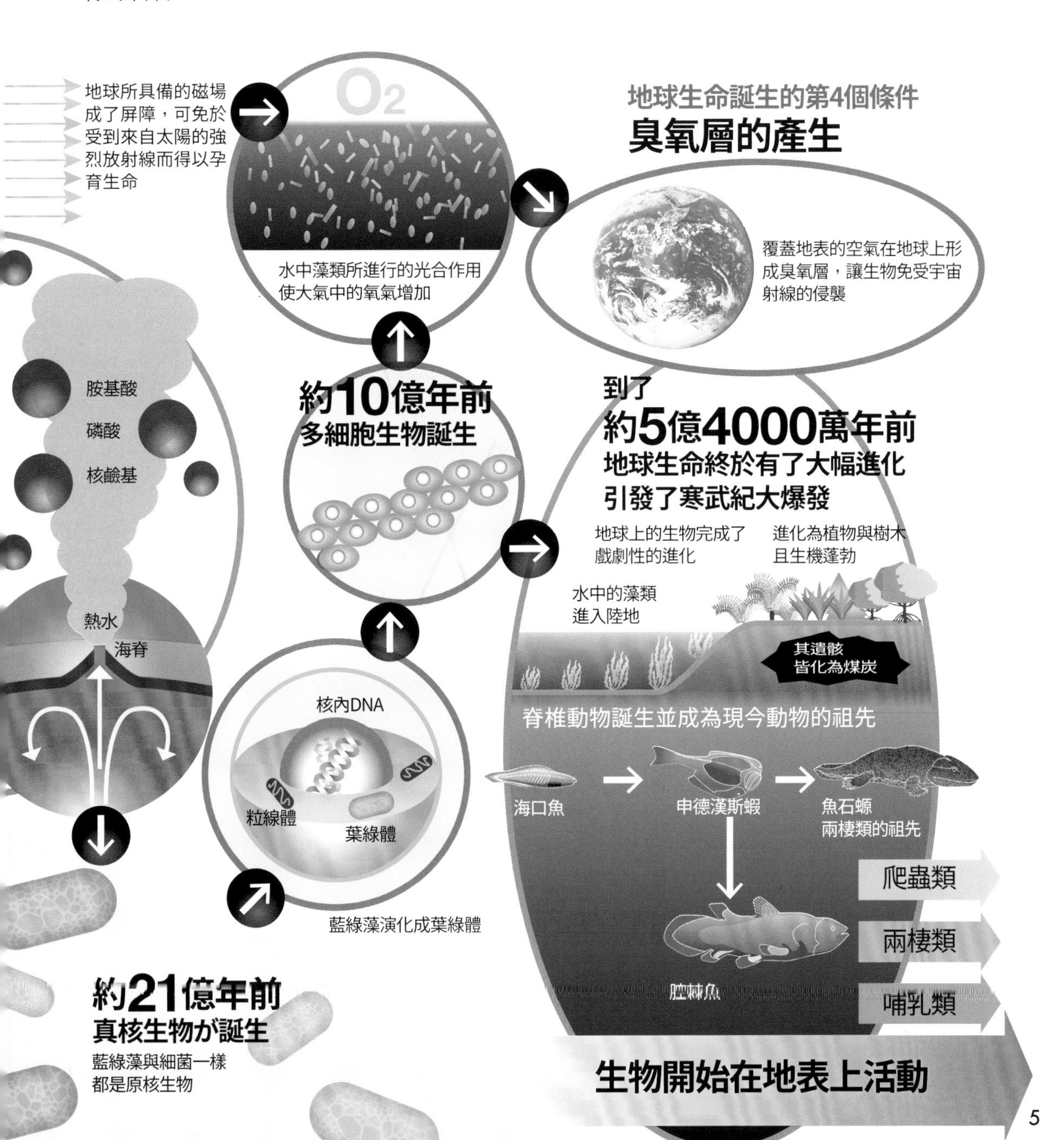

此後無論是地球的海洋還是陸地，開始充滿各式各樣的生物。然而，在地球漫長的歷史中，曾經發生過5次「大滅絕」，每次都造成了至少7成以上的生物物種同時絕種。

第一次大滅絕發生於奧陶紀末期（約4億4400萬年前），造成85%的生物物種滅絕。第二次是泥盆紀後期（約3億7000萬年前）的82%；第三次是二疊紀末期（約2億5000萬年前）的96%，為史上最大規模的滅絕；第四次則是三疊紀末期（約1億9960萬年前）的76%，而第五次發生於白堊紀末期（約6550萬年前），造成70%的生物物種滅絕。

之所以會發生大滅絕，是因為寒冷化、火山活動或隕石撞擊等，導致地球環境產生巨大的變化。儘管如此，生物仍會試圖適應新的環境而持續進化，從而孕育出新的物種。

比方說，在恐龍的全盛時期，所有哺

地球上的生命體曾經歷過5次大滅絕。

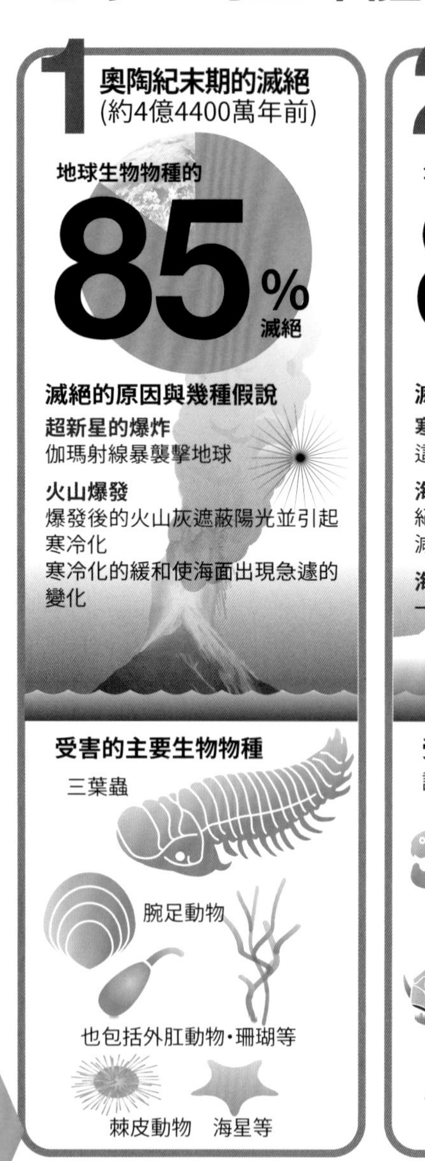

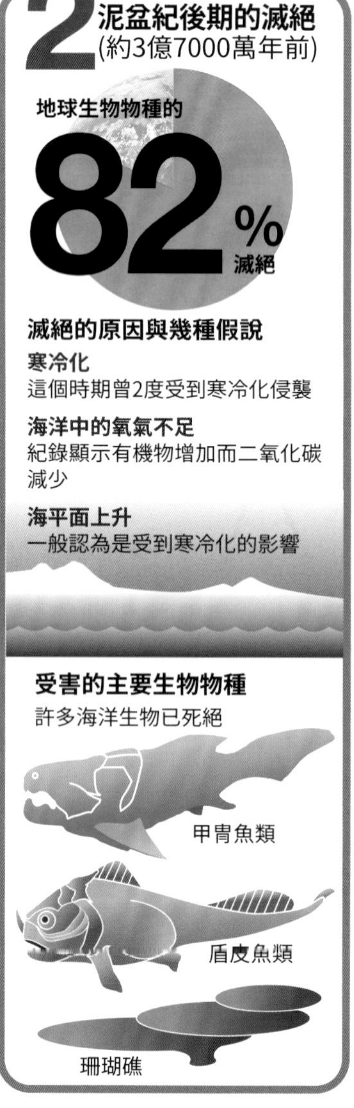

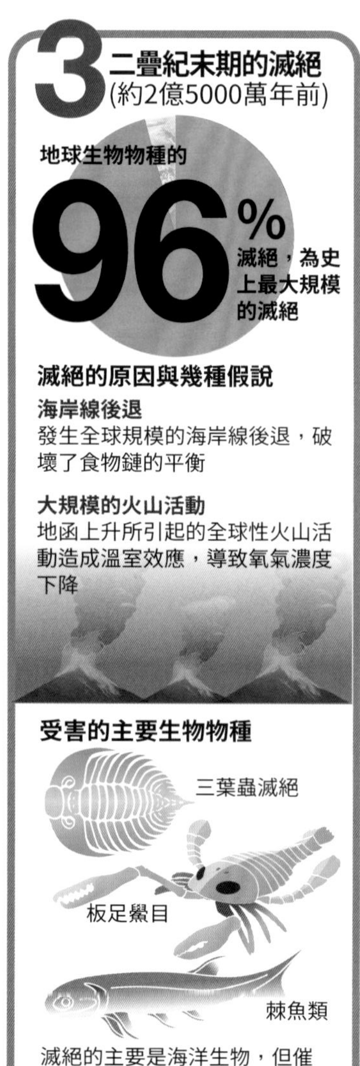

乳類（包括我們人類在內）的祖先大約只有老鼠般的大小，過著躲避恐龍的夜行生活。然而，恐龍在最後一次大滅絕中絕種後，哺乳類達到爆發性的進化，出現大小與外形都十分多樣的物種，取代了恐龍並日益繁榮。

經過漫長歲月後，如今又開始出現議論，認為大滅絕的危機很有可能再次降臨，而且這次並非如過去的大滅絕般是由自然現象所引起，而是肇因於我們人類的活動。

人類於約700萬年前出現在地球上，如今立足於生物界的頂端，一直以來與各式各樣的生物有著什麼樣的關係？又引發了什麼樣的問題？本書會針對猶如地球寶藏的「生物多樣性」，教導大家這門學問，並思索對其造成威脅的諸多問題、逐一探究解決之策。接下來就讓我們一起來思考，該如何阻止第六次的大滅絕吧。

如今這個危機再度迫近。

PART 1

生物多樣性的基礎知識

①

何謂地球獨有的生物多樣性？

生物的3種多樣性

到了1980年代，人們愈來愈關注環境問題，還創造出「生物多樣性」一詞，作為提倡自然保護時的重要觀念。所謂的生物多樣性，是指地球生物的豐富特性及其連繫。

目前已知的生物物種數為 約213萬種

登錄在2021年IUCN（國際自然保護聯盟）瀕危物種紅色名錄中的數量

生物多樣性
biodiversity
biological + diversity
生物學上的　多樣性

關於生物物種的數量，
有各種計算方式。
還有種假說認為，
往後想必還會發現無數物種，
估計會達3,000萬種

物種的多樣性

一般認為，相同的物種卻因地區不同而登錄了多個名稱的情況，推估約有20%。有些統計會將這些扣除，認定所有生物物種約為170萬種

基因的多樣性

即便是相同的物種，也會因為形狀、模樣與生態等而具備多樣的特性

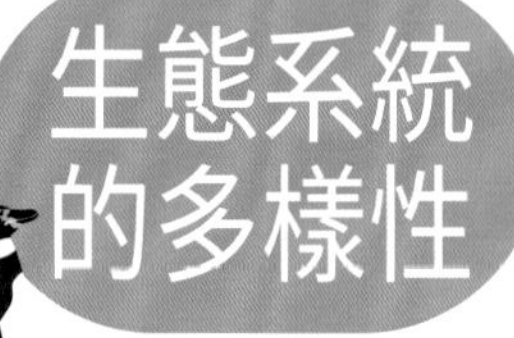

生態系統的多樣性

生物棲息其中的生態系統也很多樣

具體而言，有物種、基因與生態系統3種多樣性。

所謂「物種的多樣性」，是指有各種類型的生物。棲息於地球上的生物，從動植物乃至微生物，光是登錄在「IUCN（國際自然保護聯盟）瀕危物種紅色名錄」中的就有約213萬種。如果將未知生物含括在內，據說實際數字將高達870萬種，甚至是3000萬種。

不單純只是種類繁多。正如每個人類的個性都各不相同，即便是相同的物種，只要基因不一樣，形狀、模樣與性質等也會有所不同。這便是「基因的多樣性」。

不僅如此，各種生物會生活在森林、草地、河川、濕原、潮間帶泥灘、珊瑚礁與深海等豐富多彩的自然環境之中。此即所謂的「生態系統的多樣性」。

像這樣有多樣的生物生活在多樣的環境之中，正是我們的地球所獨具的豐富性。

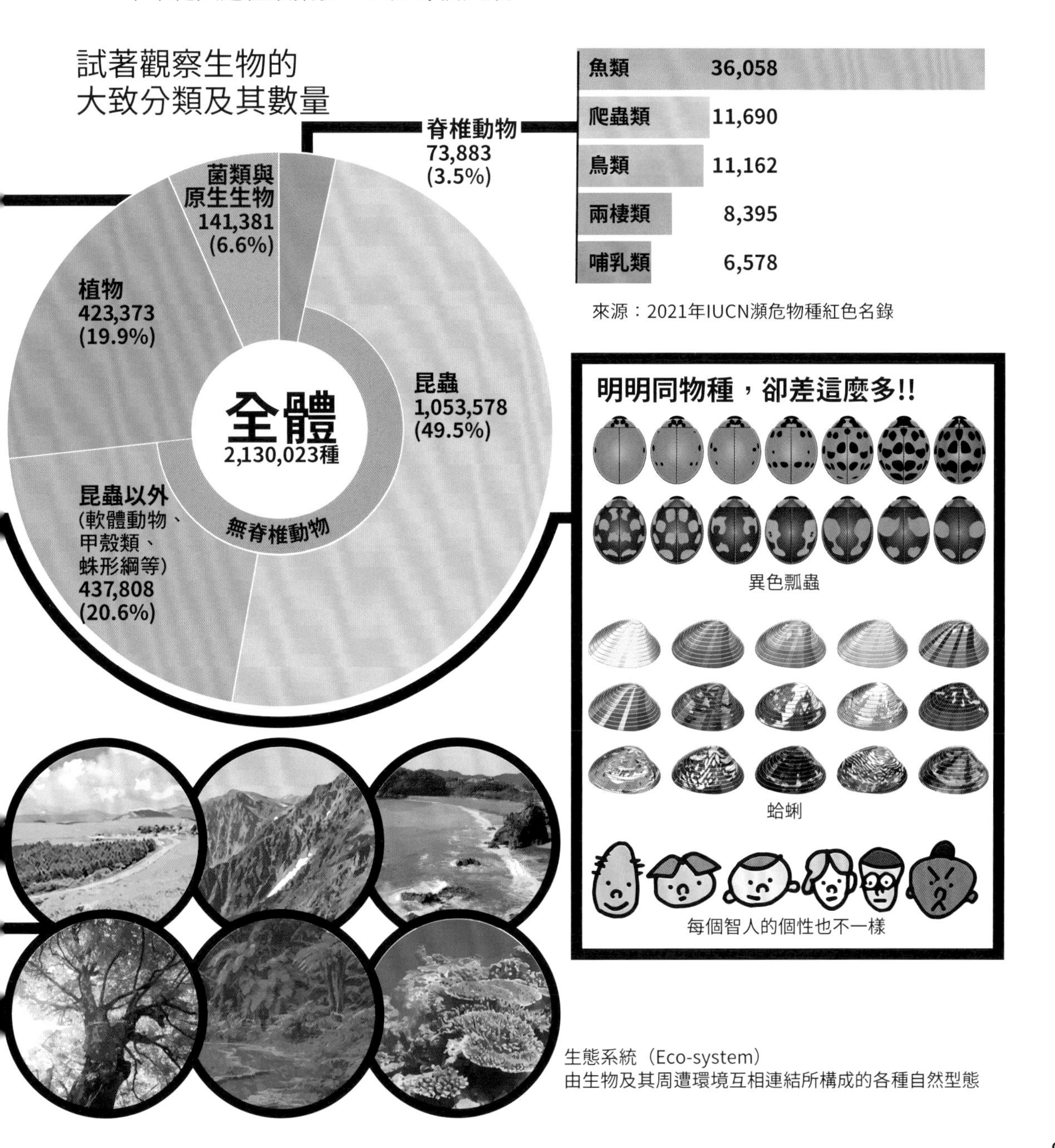

生態系統（Eco-system）
由生物及其周遭環境互相連結所構成的各種自然型態

PART 1

生物多樣性的基礎知識

自然界的平衡是由生物多樣性所支撐

所有生命都是息息相關的

地球上為什麼有形形色色的生物呢？這是因為要靠牠們相互配合來維持自然界的平衡。

比方說，以我們人類為首的動物需要氧氣與食物才能生存。氧氣並非地球上原本就有的物質，而是植物製造出來的。植物會攝取陽光、水與二氧化碳來進行光合作用，吐出氧氣的同時，還會製造生長所需的澱粉等養分。植物是唯一能夠自行製造養分的生物，因而被稱為自然界的「生產者」。

攝取這些植物所製造出的養分而得以成長的，即為「消費者」。這些消費者中，

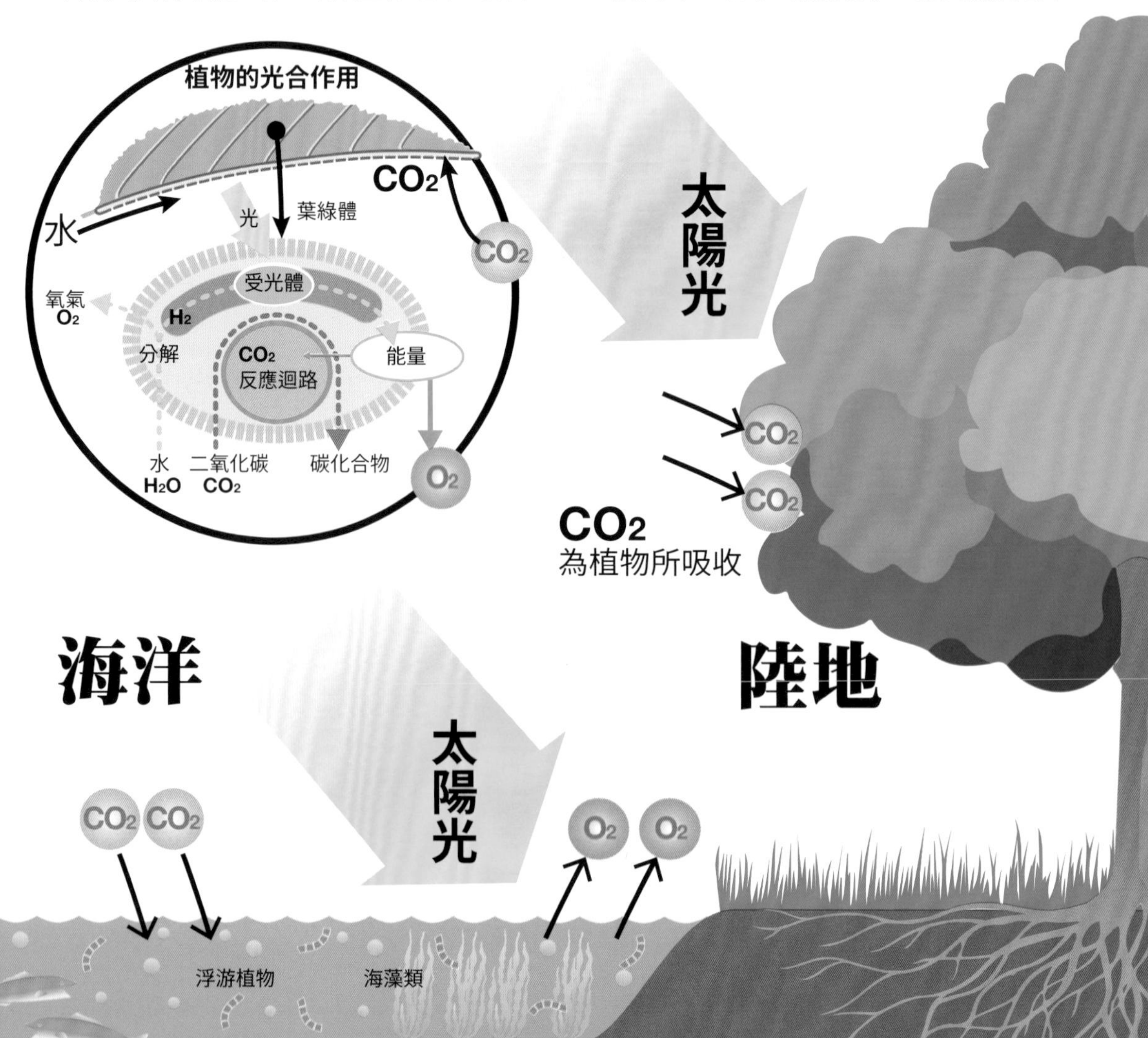

直接吃植物的食草動物、鳥類以及蟲，稱為「第一級消費者」；而以這些動物為食的食肉動物、大型鳥類與蟲，則稱為「第二級消費者」。

再者，動物的排泄物與遺骸、枯萎的植物等，會被稱為「分解者」的微生物等所分解，回歸土壤後，再次被植物攝取。

不僅限於陸地，海中也一樣有生命持續循環。海藻或浮游植物為「生產者」、浮游動物或魚類為「消費者」，微生物則擔任「分解者」的角色，彼此相互配合。

所有生物便是像這樣由食用與被食用的「食物鏈」連繫起來，藉此維持著自然界的平衡。因此，一旦任何一種物種的數量不足或過度增加，其他物種也會跟著受到影響。沒有任何一種生物是可以獨立生存。

山區富饒，海洋也會豐收，生態系統是息息相關的

透過食物鏈協作的生態系統

生命體之間的連繫並不僅止於單一的生態系統中。每一套生態系統都與其他生態系統有所關聯，讓生命得以循環不息。

山區下雨後，雨水會儲存於森林之中。水最終會隨著土壤中的養分一起流入河川，而後注入海中。從山區運來的養分會成為海中浮游植物進行光合作用時的必要材料。浮游動物會吃掉透過光合作用來繁殖的浮游植物，而魚類又以浮游動物為食——這樣的海中食物鏈其實也是仰賴山區的恩澤來支撐。

在各式各樣的生態系統中，水陸交會

處的濕地堪稱為生物的寶庫。尤其是在河口附近形成的潮間帶泥灘，會隨著潮水的漲退帶來陸地與海洋中的營養，吸引以這些為食的各種生物匯集於此。候鳥立足於潮間帶泥灘的食物鏈頂端，會因應季節遷徙至可以更有效率獲得食物的地方。為了長距離飛行而需要耗費大量的能量，作為候鳥補給營養的中繼棲息地，食物豐富的潮間帶泥灘是不可或缺的。

如候鳥般大範圍遷徙的生物，牠們會加入所到之處的生態系統食物鏈循環，洄游魚類亦是如此。比方說，鮭魚出生於河川，之後為了尋求豐富的食物而在海中長大，待產卵期臨近時，又會返回其出生的河川中。鮭魚在河川上游產卵後，會成為熊或鷹鷲的食物，殘留的遺骸則化為森林的養分。就像這樣，鮭魚也發揮著將養分從海洋帶回陸地的作用。

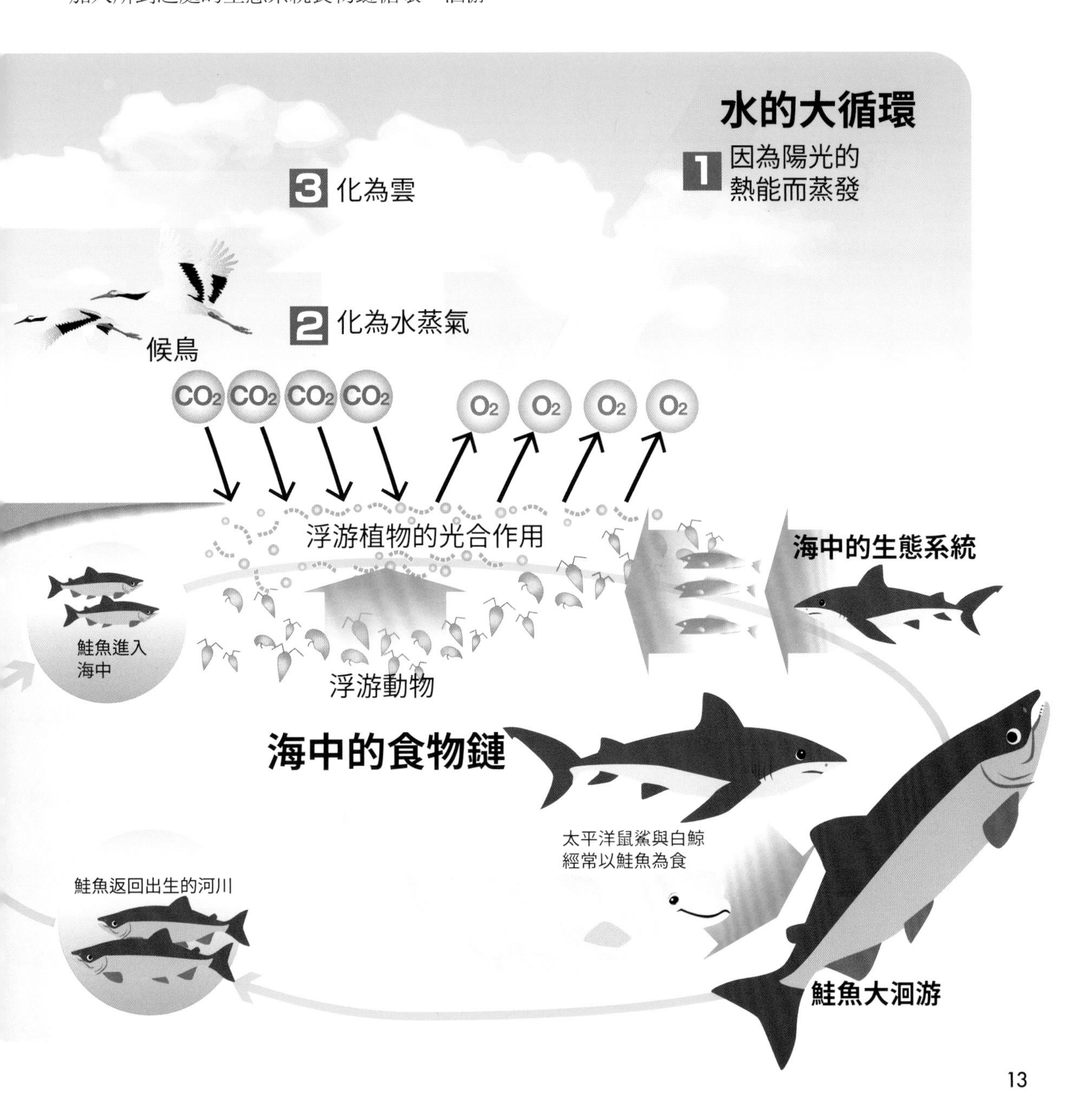

人類生活中不可或缺的4種生態系統服務

思考大自然恩澤的價值

多樣的生態系統是由多樣的生物所支撐，對我們人類而言也是不可或缺的。自古以來，人類都是利用大自然的恩澤生存至今。如今又稱這種大自然的恩澤為「生態系統服務」。

使用「服務」這種經濟用語是基於以下思維：大自然的恩澤並非免費、可以揮霍無度的東西，應該視同為有價之物並以經濟角度來評價。聯合國所主導的「千禧年生態系統評估報告」將生態系統的功能劃分為以下4類。

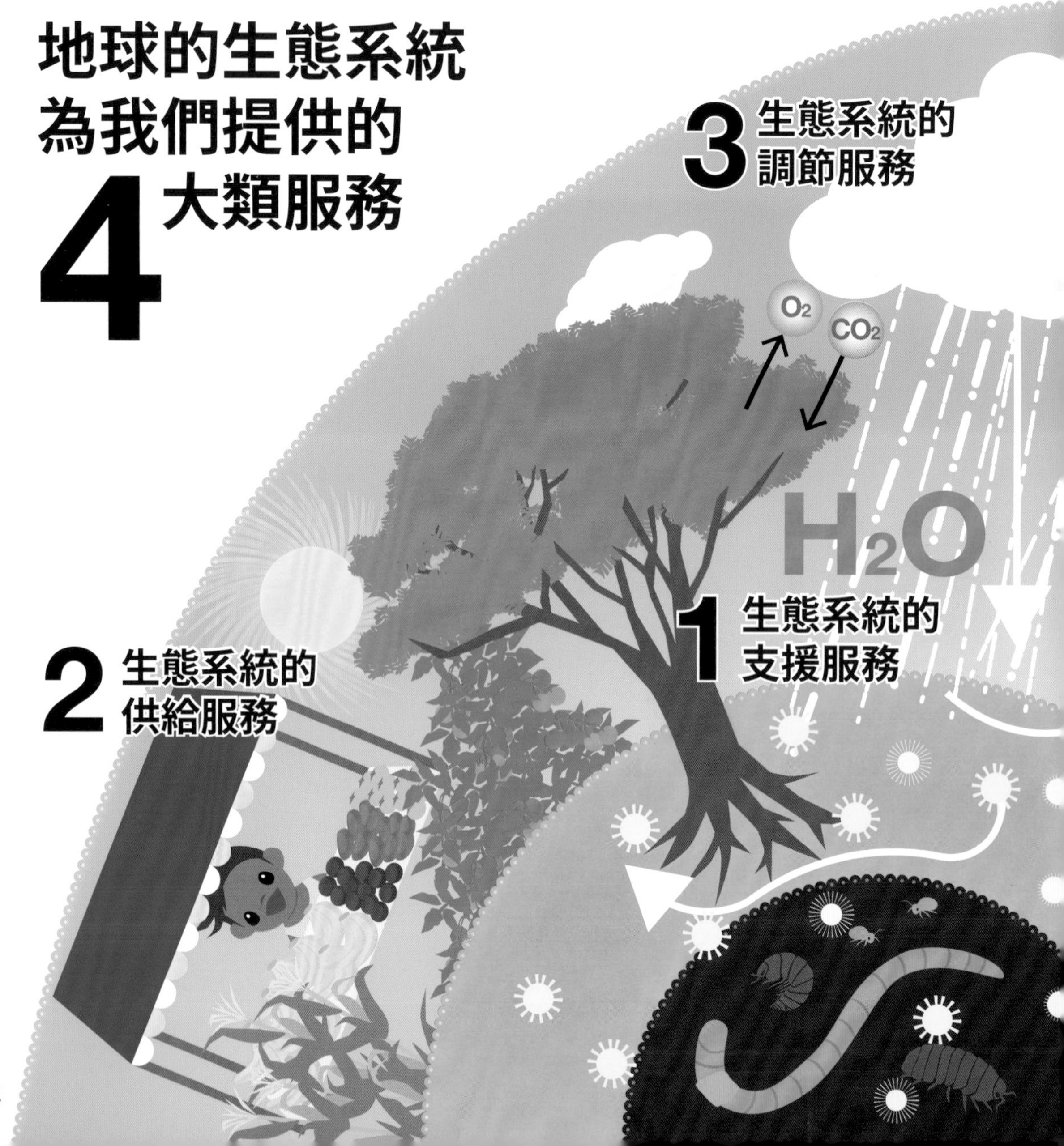

①支援服務

此功能可透過光合作用提供氧氣、推動水與養分的循環、孕育豐富的土壤等，打造出人類生存所需基本環境。

②供給服務

此功能可以提供糧食、水、燃料、木材、纖維、藥品等輔助人類生活的資源。

③調節服務

此功能可透過淨化水、抑制洪水或土石流、抑制病蟲害等來調節環境，讓人類得以安全地生活。

④文化服務

此功能可透過創造繪畫、音樂、文學等文化與藝術，或成為休閒與觀光的場地等，來豐富心靈。

據說若將這些生態系統服務換算成金錢，每年價值會高達33兆美元（約990兆新台幣）。倘若部分生態系統受到損害，要試圖以人工方式加以修復的話，耗費的費用應該會相當可觀。生態系統就是這麼有價值而至關重要。

PART 1
生物多樣性的基礎知識
⑤

生物多樣性在過去約50年內受到破壞，減少了68%

減少的生物與增加的人類

地球上存在著無數種尚未被發現的生物，即便是已發現的生物，有些至今仍未釐清其生態與棲息分布的細節。因此，要正確地認識所有生物的多樣性及其變化是極其困難的，不過有項名為「地球生命力指數（Living Planet Index，簡稱LPI）」的基準，是用來衡量生物多樣性的豐富程度。

世界自然基金會（WWF）的《地球生命力報告2020》，針對4,300多種脊椎動物（哺乳類、鳥類、兩棲類、爬蟲類與魚類）、約21,000個群體加以調查，報告的結果顯示，在1970～2016年期間，LPI已

WWF的《地球生命力報告2020》傳達

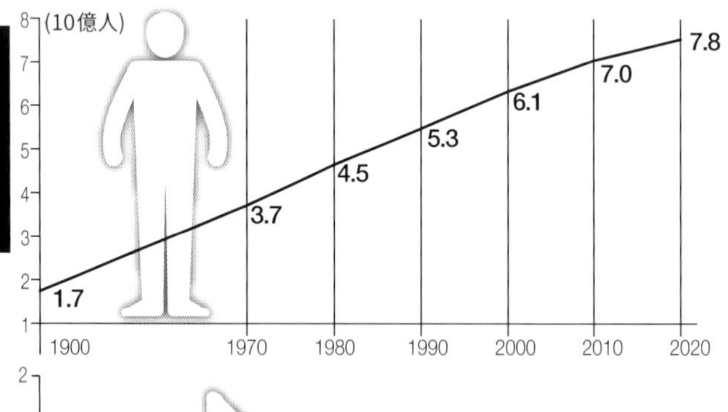

此圖是根據日本國立社會保障・人口問題研究所「人口統計資料集（2022）」編製

地球上過去
50年間的
野生生物

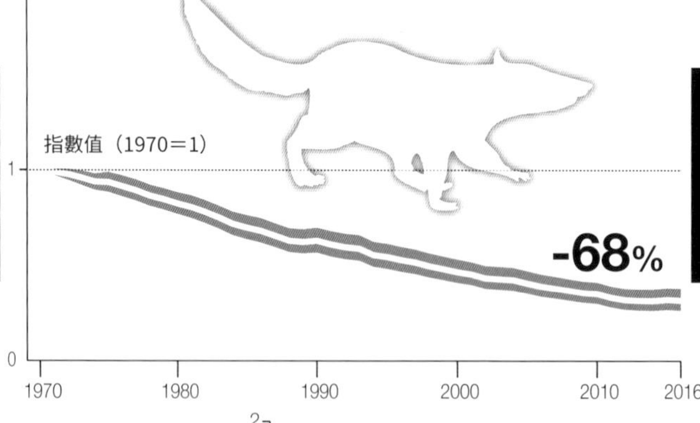

野生生物
減少了
68%

何謂『地球生命力指數』？

WWF(世界自然基金會)針對全球野生生物的21,000個群體持續進行調查，並基於從這過程中所獲得的數據，將1970年的群體規模變化設定為1，所得出的變化率。如果這個數字小於1，意謂著數量正在減少

減少最多的是淡水類生物

主要是兩棲類、爬蟲類與魚類，
自1970年以後，每年持續減少4%

指數值（1970＝1）
-84%
1970 1980 1990 2000 2010 2016

減少68%之多。在過去約50年間生物多樣性蒙受如此巨大的損失，其中究竟發生了什麼事？

相對於眾多生物不斷減少，我們人類反而持續增加。約1萬年前，人類的人口大約是400萬人，經年累月緩慢地增加，直到18世紀後半葉的工業革命才開始急速增加，突破了10億人。1970年攀升至約37億人，創下過去最高人口增加率的紀錄，經過半個世紀後，如今正逼近80億人。

人口一旦增加，將會需要相應的糧食與居住地。不僅如此，隨著科學技術的進步與世界貿易的擴大，人類的活動範圍已逐步擴大至地球的每個角落，人類進行的活動正在傷害各式各樣的生物與生態系統。至於目前生物界具體來說到底出了什麼狀況，就留待下一單元Part2再詳細探究吧。

出生物多樣性岌岌可危的狀況

人類的
這些活動
是永無休止的

人均國內生產毛額（GDP）持續增加，生物資源的開採量也增加

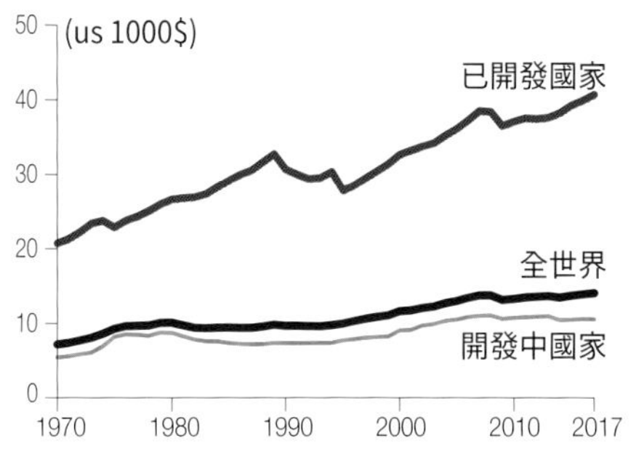

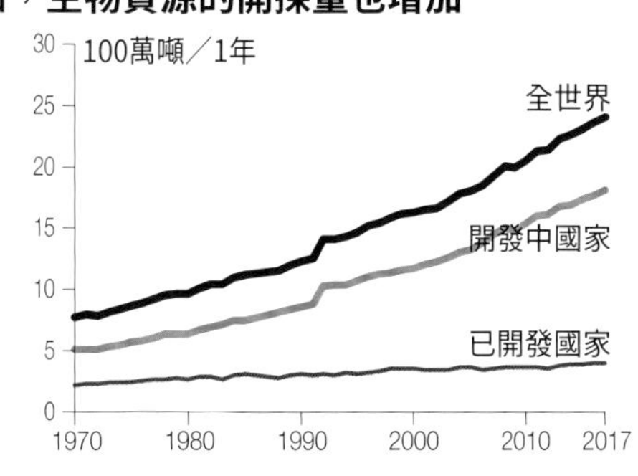

人類每年會排放約330億噸的二氧化碳至大氣中

生物多樣性的減少率會因地區而有極大的差異

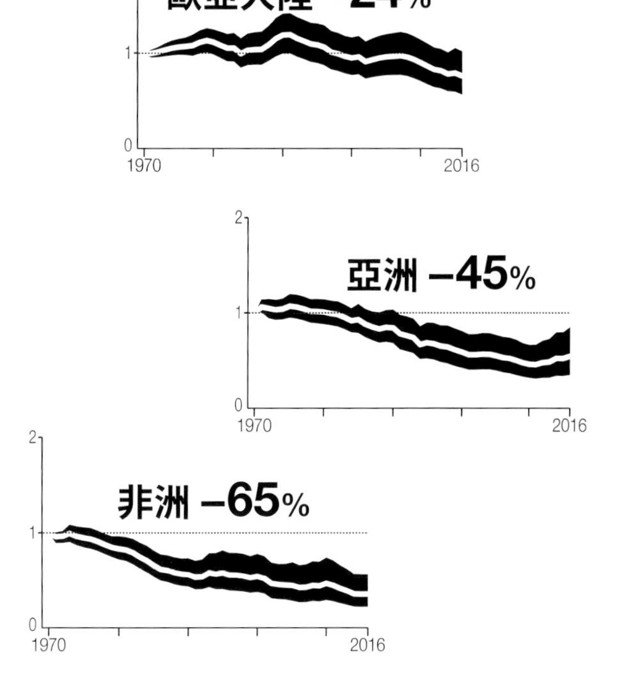

北美洲 −33%

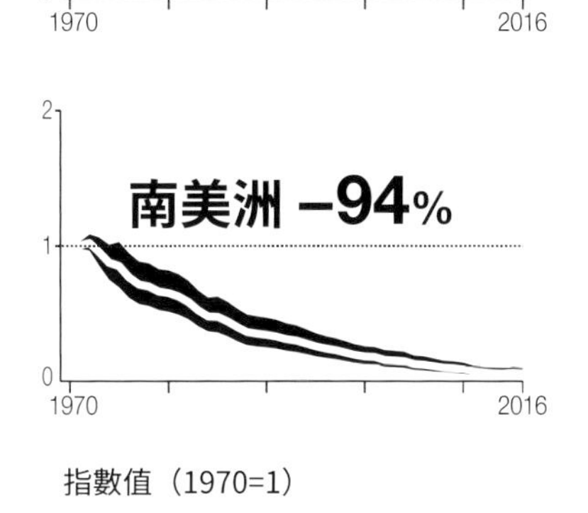

指數值（1970=1）

PART 2
危機正悄悄迫近各種生物

人類的活動加快生物滅絕的速度

4分之1以上的生物瀕臨滅絕!?

國際自然保護聯盟（IUCN）已經編製了這份瀕臨滅絕的生物清單「紅色名錄」。根據這份表單，所有生物物種中有28％正瀕臨絕種危機。

生物物種的滅絕正在加速

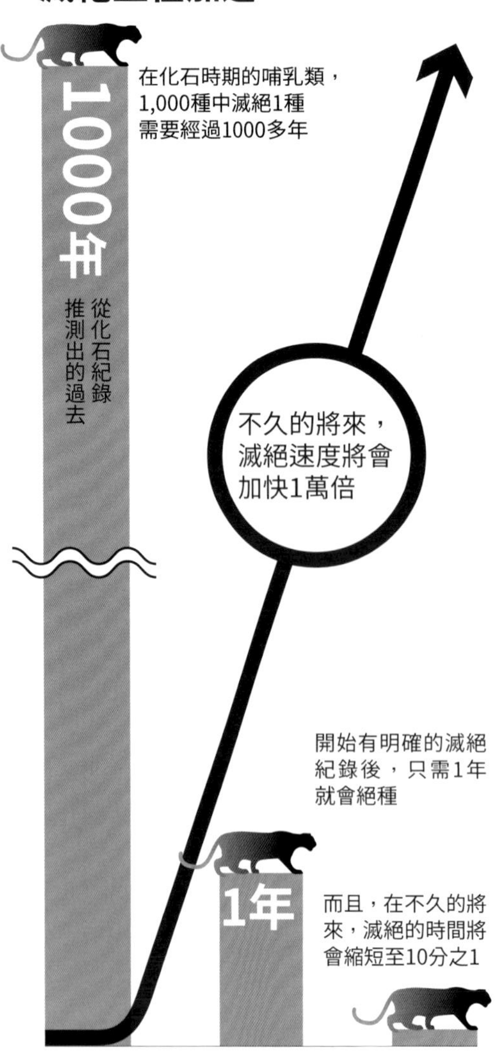

所有生物中有28%正面臨絕種危機

類別	比例
兩棲類中的	41%
哺乳類中的	27%
鳥類中的	13%
爬蟲類中的	21%
鯊總目、鰩總目中的	37%
珊瑚類中的	33%
甲殼類中的	28%
針葉樹中的	34%
蘇鐵目中的	69%

上／來源：千禧年生態系統評估
右／來源：2022年IUCN（國際自然保護聯盟）瀕危物種紅色名錄

根據聯合國的「千禧年生態系統評估」，在遠古時期，每1000年期間滅絕的哺乳類，1,000種中還不到1種。然而，據說近年來的滅絕速度快了1000倍，而且預測將來還會再加速至少10倍。

自約38億年前生命誕生以來，無數生物物種誕生而又逐漸滅絕。其主要原因在於自然環境的變化，不過近年來的滅絕現象則明顯是我們人類的活動所致。

以前曾有日本狼棲息於日本，不過已經於約100年前滅絕。原因在於人類的驅除與來自進口外來犬種的狂犬病等。隨著日本狼的消失，鹿的數量卻增加了，造成的啃食災害成為令人頭痛的問題。只要有1個物種滅絕，就會破壞自然界的平衡。

有半數生物物種棲息的熱帶雨林正逐漸消失

為了已開發國家而採伐森林

世界各地的森林因為人類的活動而不斷消失。目前世界上約有40億公頃的森林，據說每年持續消失約470萬公頃。其中大多是分布在中南美、東南亞與中部非洲等地的熱帶雨林。

熱帶雨林坐落於全年溫暖多雨的氣候區，為常綠樹木所組成的森林。植物鬱鬱蔥蔥地茂密生長、吐出大量氧氣，並肩負儲存大量雨水的功能。此外，有一半以上的生物物種是棲息於熱帶雨林，甚至連生物多樣性熱點（p40～41）也大多都位於熱帶雨林。

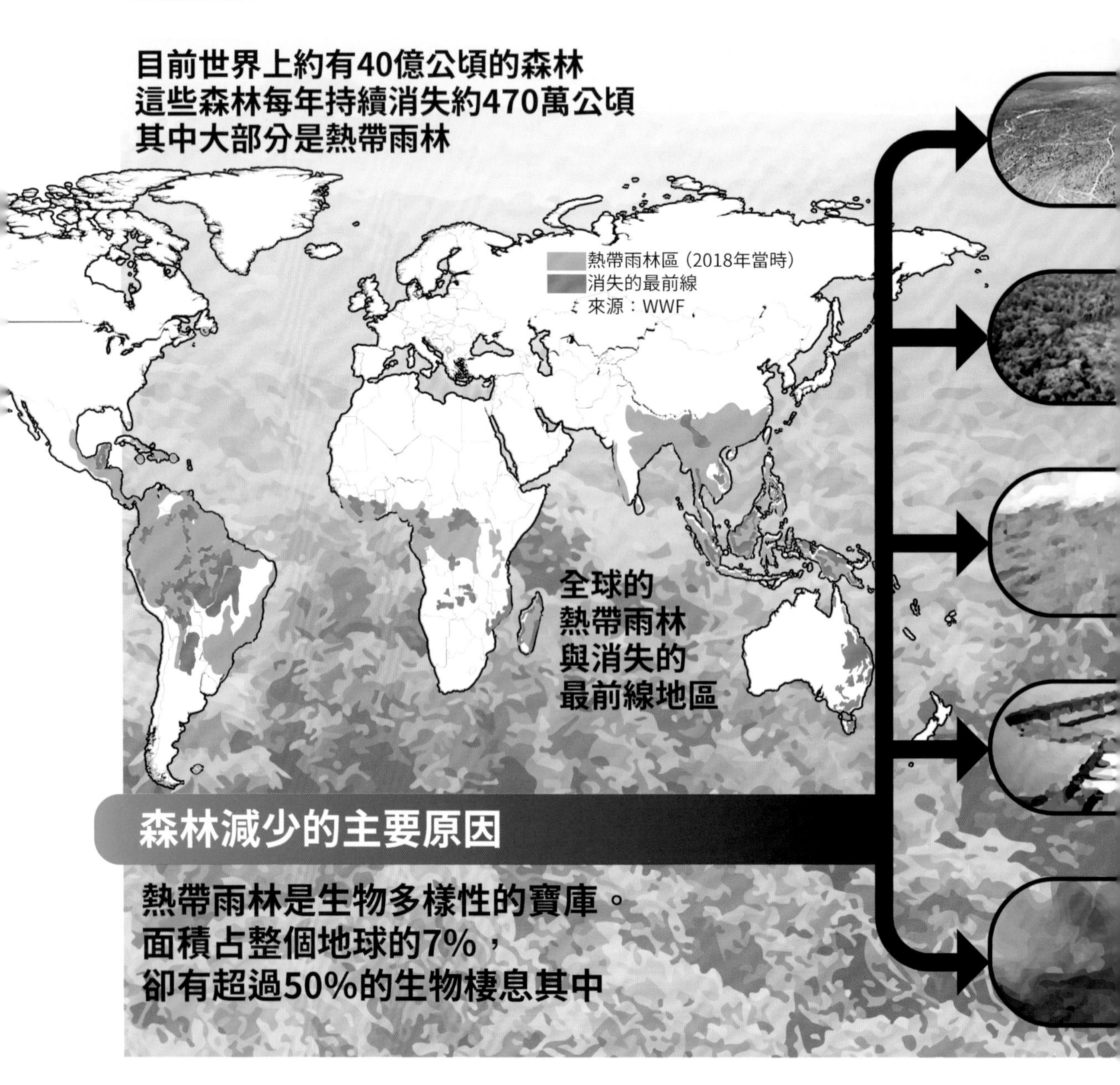

然而，到了20世紀以後，由於採伐森林與因開發而造成的自然破壞，導致熱帶雨林迅速地遭到損害。其背後原因在於已開發國家與開發中國家之間不對等的關係。

從森林中砍伐的木材與製紙紙漿，主要的出口對象是已開發國家。森林採伐所開闢出的農園與牧場，也是用來生產已開發國家所需的作物或肉品。開發中國家是透過販售開墾森林所得的資源來支撐其經濟。

另一方面，當地居民的糧食則是透過火耕農法來生產，做法是焚燒森林並以那些灰燼作為栽種作物的肥料。傳統的火耕是在耕作數年後，當土地變得貧脊時先暫時棄置，待其自然恢復，是一種可永續發展的農法。然而，近年來，隨著人口的成長，為了增產糧食而焚燒了大片土地，且不等土地恢復就栽種作物，導致許多森林荒蕪。此外，火耕有時還會引發森林火災。

不難想像，如果堪稱生物寶庫的森林因為這些原因而消失，將會喪失不計其數的生物物種。

為了開發農園而採伐

東南亞地區為了栽種香蕉與棕櫚；亞馬遜則為了種植甘蔗並發展畜牧業；非洲為了開闢咖啡等農園，導致森林不斷消失

違法業者的採伐

國家公園與自然保護區等地的非法採伐相當猖獗。盜伐森林、偽造許可證等等的交易額上攀63億美元。在亞馬遜地區，有94%是非法採伐

無法永續發展的火耕農業

在新興國家，隨著人口成長而有必要增加糧食生產，因而愈來愈盛行不等待自然恢復的火耕農業。人們因為經濟窘迫而進入森林並火燒原生林

為了開發基礎建設而造成的自然破壞

在亞馬遜地區推動的巨型水壩開發，導致許多森林沉入水底。為了架設輸電網、開闢交通路線而持續進行採伐

因森林火災而付之一炬

全球性的暖化在各地引發乾旱，因而導致自燃的森林火災頻仍。2019年，亞馬遜地區有180萬公頃的森林遭焚毀

如果森林繼續這樣消失下去，將會如何呢？

大氣中的二氧化碳增加了900億噸

如果亞馬遜地區的熱帶雨林繼續以這樣的速度消失，熱帶雨林原本為了光合作用而攝入的二氧化碳將會無法被吸收。此外，還會喪失森林淨化大氣的功能，汙染物質在大氣中飄移，因為酸雨與土壤汙染等而對生態系統造成極為嚴重的影響

喪失抑制地球暖化的作用

因為亞馬遜地區的熱帶雨林消失而增加了900億噸的二氧化碳，相當於目前人類所釋放的3年份左右二氧化碳。光是這一點就喪失了森林抑制地球暖化的作用

生物多樣性的消失與生物的滅絕或減少

對生活在地球上過半的生物而言，森林的消失成了最大的威脅，再加上暖化所造成的氣候劇變，讓許多生物失去躲避之處而面臨滅絕的危機

全新傳染病的蔓延

森林，尤其是熱帶雨林，是生物多樣性的寶庫，同時也是人類未知病原體的寶庫。一般預測當這些森林消失而各種生物與人類社會有所接觸時，將會導致新的傳染病蔓延

PART 2

危機正悄悄迫近各種生物 ③

因為外來種入侵而受到威脅的日本生態系統

人類所引進的禍端

外來種的入侵是威脅生物多樣性的原因之一。所謂的外來種，是指被人類帶到與原棲息地不同地區的生物物種。

外來種不僅限於作為寵物、觀賞用或食用而引進的物種，有些是混進交通工具或貨物而被帶進來的。這些動植物中，有些在成為野生動植物後，會危害到原本棲息於該地區的原生物種並破壞生態系統，因而被稱為外來入侵種。

日本各地的湖泊或池塘中已有大口黑鱸或藍鰓太陽魚等外來魚大量繁殖，已然成為難以忽視的龐大問題。這些外來魚當初被

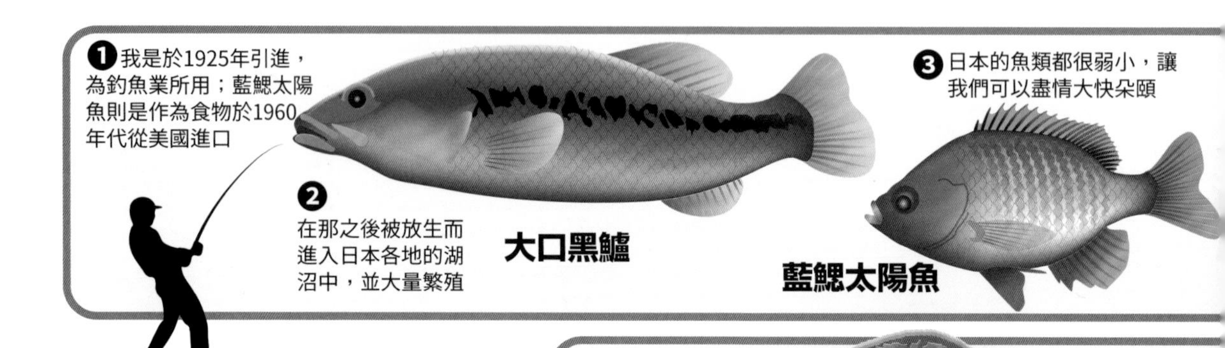

採訪各種被厭惡的外來種

❶ You為什麼來到日本？

❷ You為什麼成了野生動物？

❸ You是如何生存的？

❹ 有什麼話想對人們說？

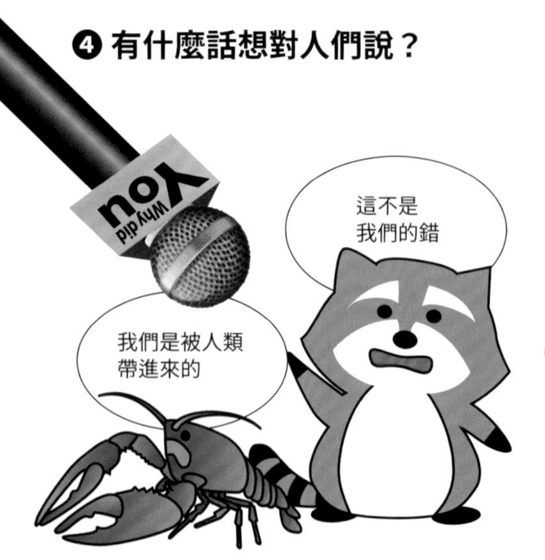

釣魚業所進口，之後卻被放生，結果在野外捕食了原生物種，還成為阻礙漁業發展的麻煩生物。

此外，在沖繩與奄美大島，原是為了消滅有毒黃綠龜殼花而引進印度小貓鼬，現在卻反而威脅到當地瀕危物種的琉球兔與沖繩秧雞等原生物種的性命。

除此之外，當作寵物來飼養卻逃跑或被拋棄的浣熊與彩龜；食用或觀賞用而引進的西洋蒲公英與北美一枝黃花等，已經擴散至日本各地而對生態系統造成不良的影響。

日本透過《外來生物法》來加強取締，不過一旦外來種在自然界中穩占了一席之地後，要全數清除是很困難的。另一方面，也有日本生物在國外被視為外來種而備受厭惡的例子。關於外來種的問題，光靠各國分別管制還不夠，必須要採取國際對策。

PART 2

危機正悄悄迫近各種生物 ④

許多生物因為地球暖化而面臨生存的危機

上升3°C將會滅絕29%物種

近幾年來，櫻花的開花時期與候鳥飛來的時期比以前都還要早，這是因為地球的氣溫上升、氣候持續變化的緣故。

地球暖化是因人類活動使大氣中的二氧化碳增加所致，目前的全球平均氣溫比工業革命前高出約1℃。如果再繼續這樣不採取任何對策，估計在2100年前還會再上升至少4℃。

受到暖化的影響，首當其衝的便是自然界的各種生物。一旦氣溫上升，動植物就會開始尋求適當的溫度。在北半球的話，生物會將棲息地區逐漸從南往北遷徙，或從低

北極熊
一般預測，到了21世紀中葉，對於北極熊生存所不可或缺的夏季海冰將會消失42%，導致其個體數驟減

生物圈因暖化而往北移動

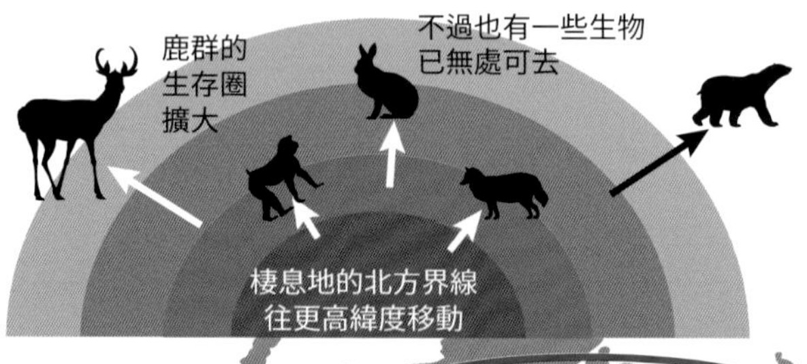

凍原的永久凍土融化
極寒地帶縮小
亞寒帶北移
歐洲型冬乾溫暖氣候擴大
沙漠擴大
溫帶地區北移
沙漠擴大
喜馬拉雅山的極寒地帶縮小
亞熱帶北移
沙漠擴大
沙漠擴大

2100年的變遷預測

IPCC第六次報告書 陸地生物滅絕的危險度

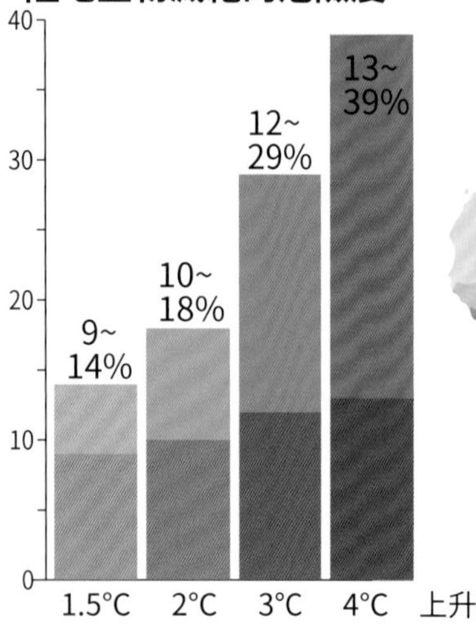

IPCC是個國際組織，研究地球暖化所造成的各種影響。有195個國家參加，陸續發表由數千名研究人員所編寫的報告書，提供最值得信賴的地球暖化相關數據

非洲象
人類為了採集象牙而盜獵，導致其個體數減少。暖化造成闊葉林乾枯則使其棲息領域縮小

地轉移至高地。然而，原本棲息於最北地區或高山上的生物，將因無法再前往更低溫的地區而生存受到威脅。

在北極海冰上捕食的北極熊即為其中之一。由於海冰隨著暖化而不斷減少，已有報告提出案例，北極熊無法捕獲充足獵物而衰弱致死。

此外，澳洲因為日益乾燥而森林火災頻仍，許多無尾熊淪為火舌下的犧牲品。海中則因為水溫上升而使世界各地的珊瑚礁白化，變得營養不足。

目前全世界都以將氣溫上升控制在不超出工業革命前的1.5℃為目標，且已開始採取各式各樣的對策。然而，根據IPCC（政府間氣候變遷專門委員會）的第六次報告書所示，即便是上升1.5℃也會導致14%的生物物種滅絕。這份報告已敲響了警鐘，若再上升2℃是18%、再上升3℃則可能29%的物種有滅絕之虞。

PART 2 危機正悄悄迫近各種生物 ⑤

流入海中的塑膠垃圾使海洋生物飽受折磨

誤食塑膠垃圾將會致命

塑膠對人類而言是相當便利的素材，卻成了海中生物的一大威脅。鯨魚吞下大量塑膠袋而氣絕身亡、塑膠吸管插進海龜的鼻孔裡、海鳥誤將塑膠垃圾當成食物而餵給雛鳥等，已有無數報告中提出令人衝擊的案例，揭露出海洋塑膠問題造成的真實情況。

推估流入大海的塑膠垃圾每年高達800萬噸。以人工製成的塑膠在自然界中不會被分解。生物誤食後，會殘留於胃裡無法被消化。儘管如此，推估已有52%的海龜與90%的海鳥吃下了塑膠垃圾，事態已經相當嚴重。

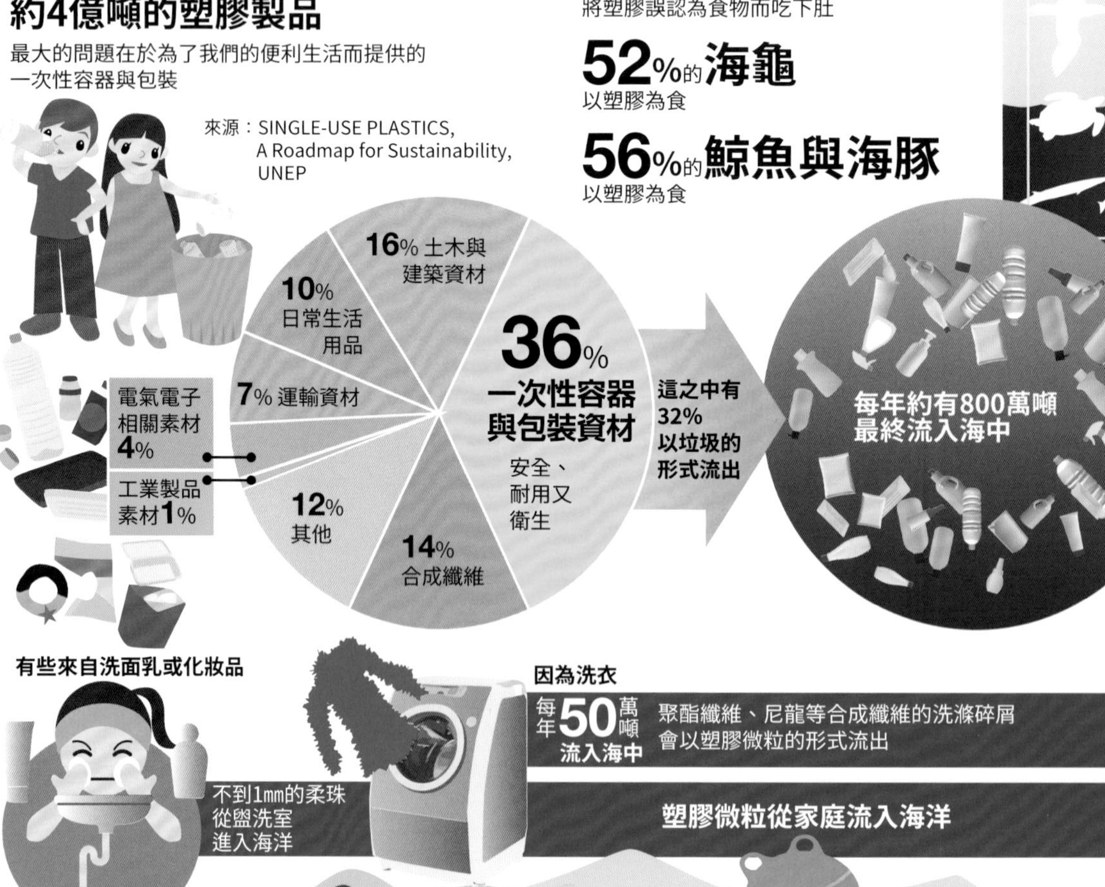

家庭也會排出塑膠微粒

塑膠垃圾在海中漂移的過程中，會化作所謂塑膠微粒的小顆粒，並吸附海中的有害物質。一旦生物誤食了這些微粒，就會經由食物鏈讓有害物質在更上層的生物體內濃縮，它所造成的影響也會波及立於食物鏈頂端的人類。

塑膠垃圾之所以增加，是因為一次性的杯子、托盤與寶特瓶等容器與包裝正在快速增加。然而，流入海中的塑膠還不只這些。合成纖維的服飾、三聚氰胺或聚氨酯製的海綿、化妝品中所含的磨砂成分等，也屬於塑膠製品。塑膠的細微纖維或顆粒會經由洗衣、洗碗或洗臉等而通過下水道設備並流入大海。

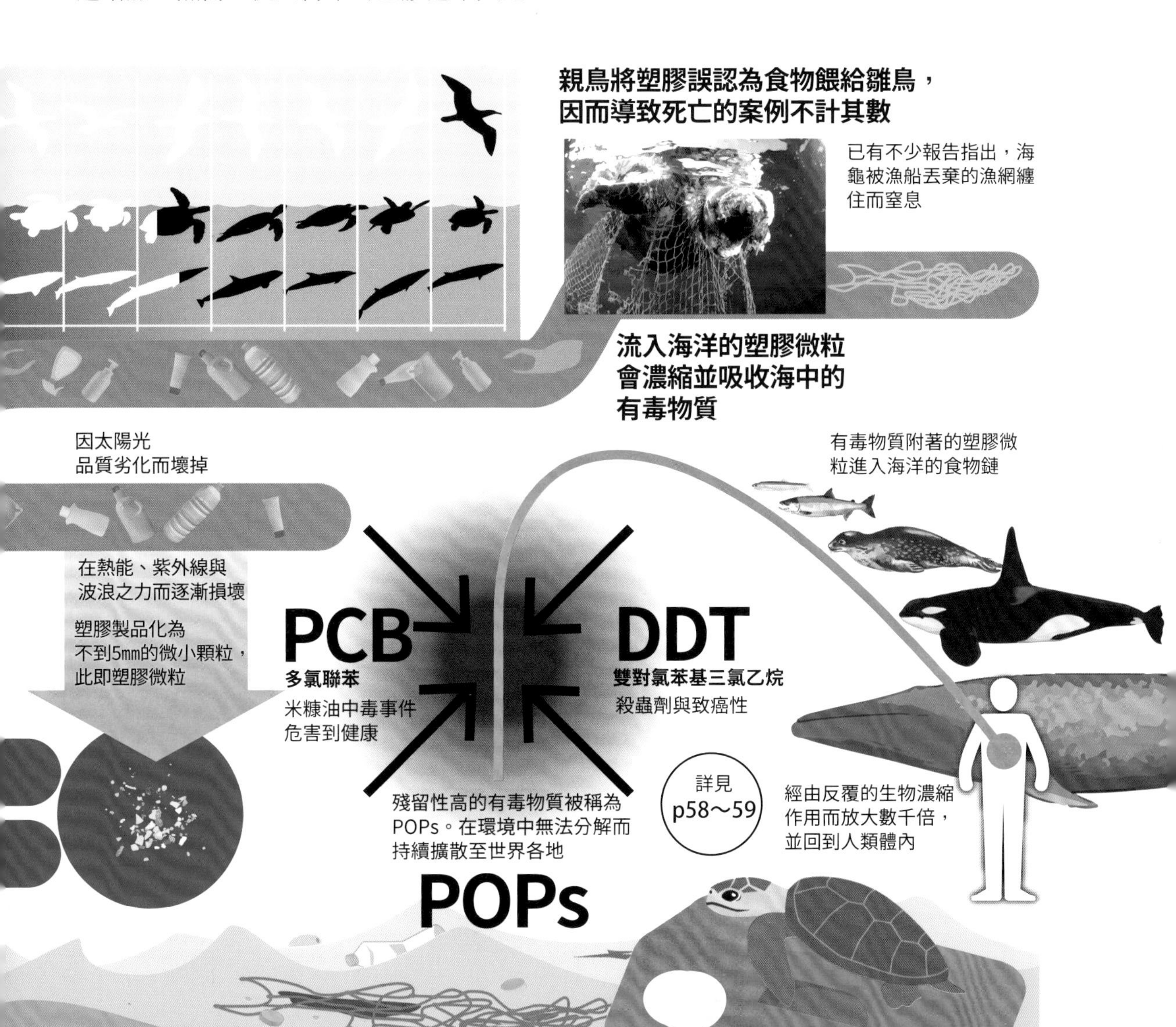

PART 2 危機正悄悄迫近各種生物 ⑥

優養化導致海洋出現連魚類都無法棲息的死亡區

肇因於生活廢水與化學肥料

對生活在海洋或湖沼等處的生物而言，水中營養過度增加的「優養化」已然成為另一種威脅。

生物成長需要氮或磷等養分。這些養分在生態系統中會維持在恰到好處的量，並透過食物鏈循環不息。然而，人類將工廠廢水與生活廢水排入河川，還有化學肥料自農地溶解釋出並流入河川，導致大量的氮或磷開始進入水環境之中。

一旦營養過度增加，浮游植物會異常繁殖，結果頻頻引發「赤潮」與「綠色浮渣」，對生態系統與漁業產生不良影響。此

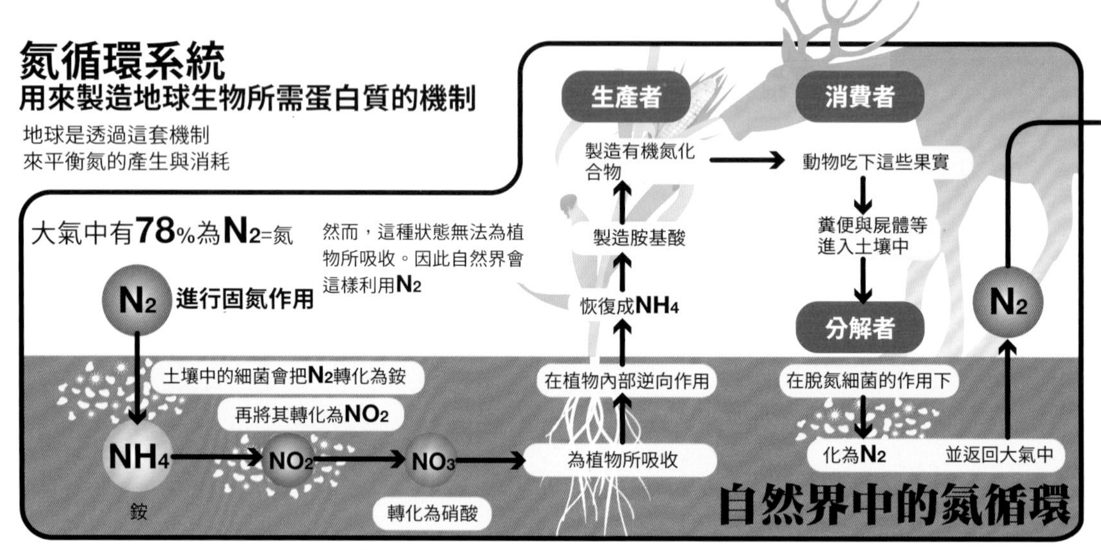

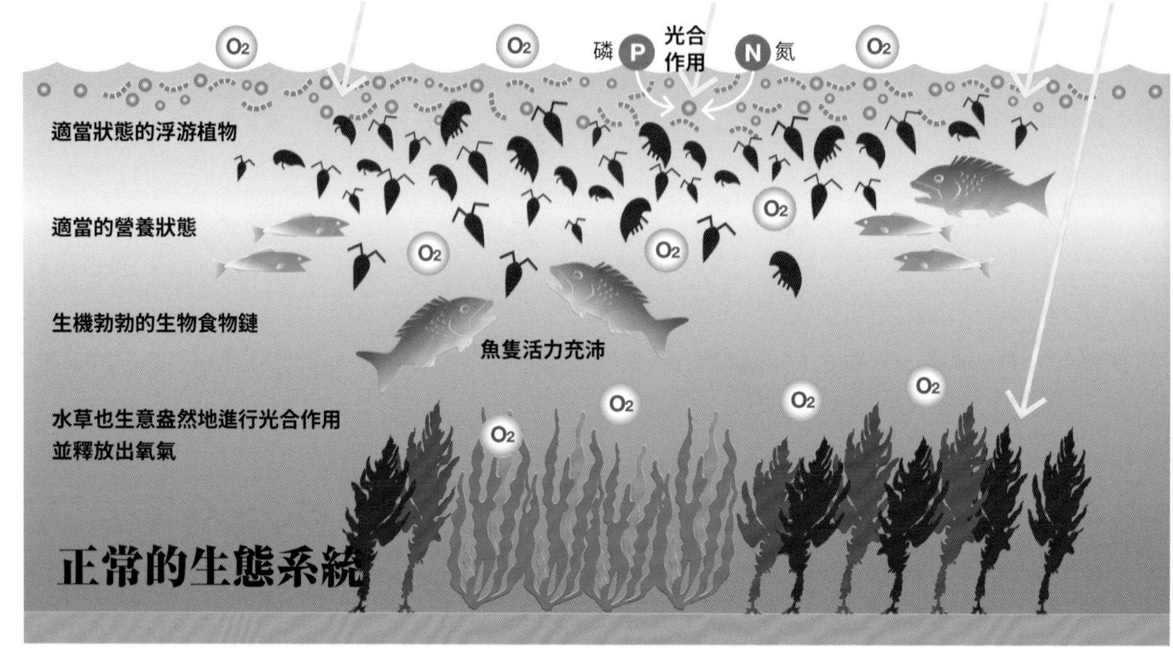

外，大量繁殖的浮游生物死後，大量遺骸會沉入海底並被微生物所分解。進行分解時會消耗水中的氧氣，所以有時會出現缺氧狀態的水域，導致魚隻大量死亡。

因缺氧而連魚隻都無法棲息的水域即稱為「死區（Dead zone）」，確定已出現於世界各地的海洋。尤其是位於北歐的波羅的海，已經陷入99％的缺氧狀態，正面臨生態系統崩壞的危機。

日本在經濟高度成長期的1950～1960年代，東京灣、伊勢灣與瀨戶內海等處也曾因為優養化引發水質汙染而成了一大問題，不過在致力於立法規範與提升汙水處理技術後，近年來終於恢復成乾淨的水。然而，如今則是發生營養過度缺乏的「貧養化」，導致魚隻持續減少。曾一度崩潰的生態系統是無法輕易恢復原狀的。

人類以人工方式製造出氮肥

來源：Our World in Data

如今全球生產每年1億1500萬噸高達如此數量的氮肥

其中65%流入自然界

生活廢水與工廠廢水也會排出氮化合物

水中營養過剩

浮游生物暴增

消耗氧氣

大量NP流入

大量的氮與磷流入海洋，導致水中營養過剩

出現因氧氣不足導致生物無法生存的死區

引發赤潮

引發綠色浮渣

氧氣被消耗殆盡

細菌分解浮游生物的遺骸時會消耗氧氣

魚隻因缺氧而死亡

優養化的生態系統

浮游生物的屍體堆積，形成淤泥

吸收了CO_2的海洋日益酸化並溶解海中生物

21世紀末，海洋生物將減少2成

導致地球暖化的二氧化碳（CO_2）不僅危害陸地，對海洋也造成莫大傷害。

人類釋放至大氣中的CO_2有20～30％是被大海所吸收。也因為能吸收CO_2，海洋發揮了緩解暖化的作用。然而，一旦大量CO_2溶入海中，原本為弱鹼性的海水會酸化。此即所謂的「海洋酸化」，恐怕會對海洋生物帶來嚴重損害。

浮游生物、珊瑚、貝類或甲殼類等生物，是透過海水中所含的碳酸鹽離子與鈣離子來形成碳酸鈣的殼體或骨骼。然而，如果酸化再繼續加劇，碳酸鹽離子會變少而生物

海洋酸化的機制

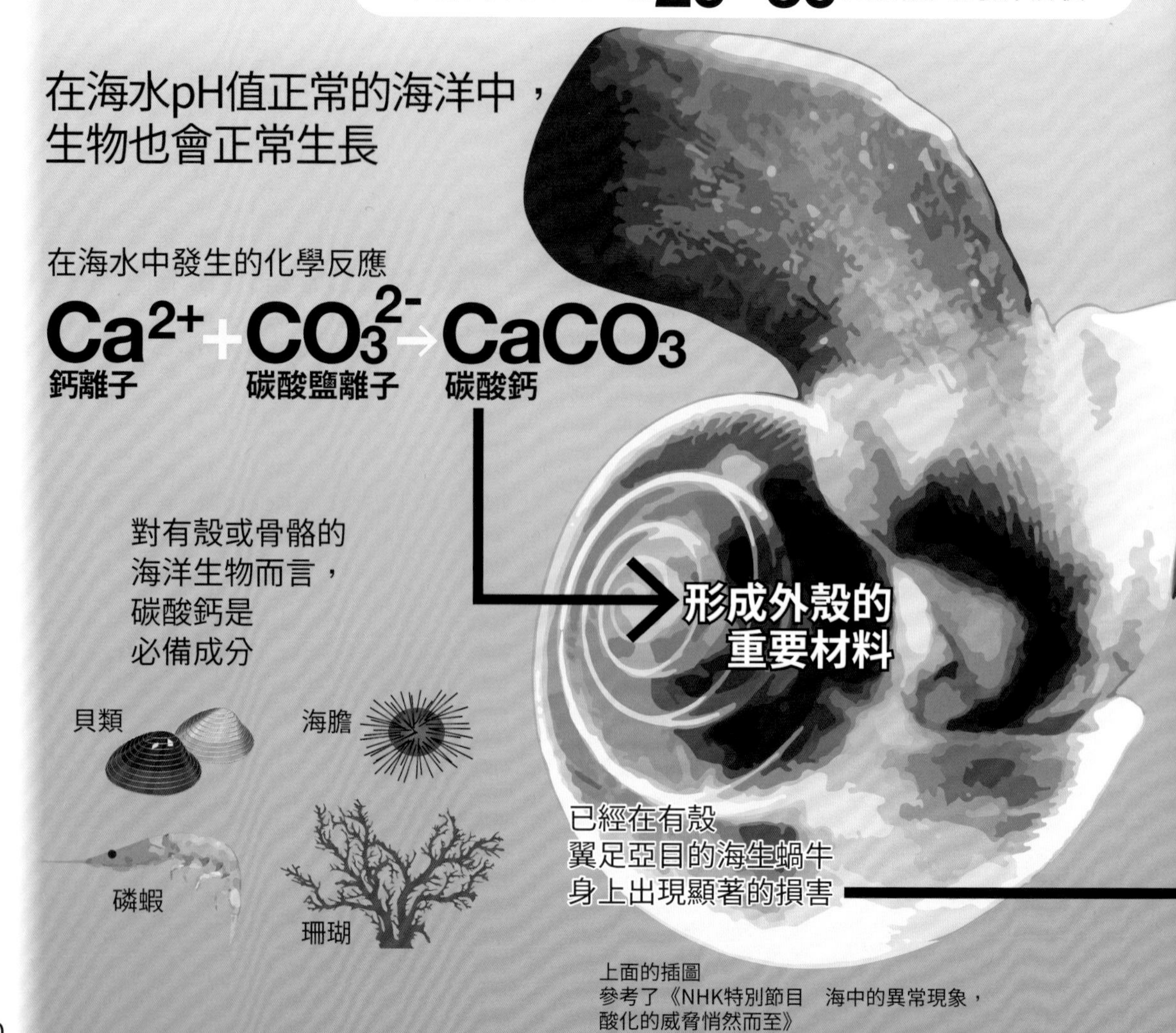

上面的插圖
參考了《NHK特別節目　海中的異常現象，酸化的威脅悄然而至》

們便無法正常形成殼體或骨骼。事實上，在北極圈、美國西海岸，甚至是日本的東京灣等，世界各地都有報告提出浮游生物與貝類外殼上出現孔洞或溶解的現象。一旦這類小型生物無法充分生長，以其為食的較大型生物也會連帶受到影響，將會打破生態系統的平衡。

若以標示酸鹼值的pH來表示，一般的海水為8.1，不過IPCC（政府間氣候變遷專門委員會）的數據顯示，海面的CO_2已經比工業革命前還要低0.1。IPCC預測，如果再這樣不採取任何對策，到了2100年pH值還會再下降0.3，再加上其他原因，海洋生物將會減少約20%。

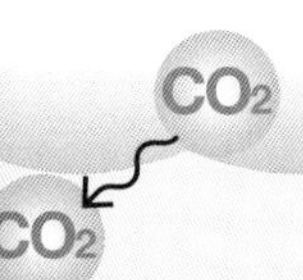

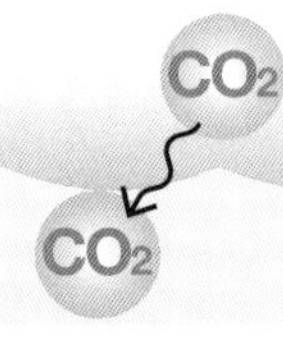

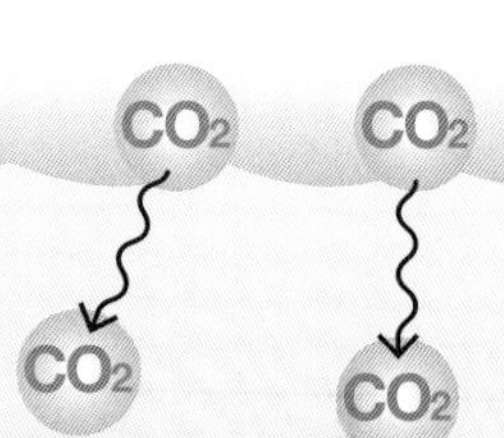

大氣中的CO_2持續增加，海中的CO_2也隨之增加

在這樣的海洋中正在發生的事

二氧化碳 水 氫離子 碳酸氫離子

$$CO_2 + H_2O \rightarrow H^+ + HCO_3^-$$

當水中的氫離子增加，酸度就會提高

酸度（pH值）

0 1 2 3 4 5 6 7 8 9 10 11 12 13 14

酸性 中性 鹼性

海水平均為8.1

pH值轉為酸性

海水酸化

水中的浮游生物減少

以浮游生物為食的魚類減少

預測將有20%的魚類滅絕

這樣的現象已經出現在南、北極海以及東京灣等處

增加的氫離子會與海中的碳酸鹽離子結合

$$H^+ + CO_3^{2-} \rightarrow HCO_3^-$$

氫離子 碳酸鹽離子 碳酸氫離子

發生上述的反應＝碳酸鹽離子被吸收

其結果是

$$Ca^{2+} + CO_3^{2-} \rightarrow CaCO_3$$

鈣離子 碳酸鹽離子不足 無法形成碳酸鈣

形成生物外殼的材料短缺

外殼變薄而受損

最終導致身亡

PART 2

危機正悄悄迫近各種生物

⑧

人與自然共存的里山逐漸荒廢，寶貴的生物物種正在流失

與自然共存的里山生活

里山在日本國土中占了約4成，如今正面臨荒蕪的危機。

所謂的里山，是指介於未開發的大自然與都市地區之間、人類與自然共存至今的地區。不光只是為了從自然中獲得糧食，也為了獲取燃料與肥料，人們在務農的同時，還投注漫長的歲月整頓里山。只要在周遭村落打造出稻田、旱田、蓄水池、水渠、雜木林與草地等不同的生態系統，就會有各種不同的生物棲息其中。儘管是人為打造的大自然，卻孕育出比原始自然區域更加豐富的生物多樣性。

被棄置的里山

然而，自20世紀後半葉以來，農村的生活發生急劇的變化。隨著石油或電力的普及，不再需要伐木並製成薪柴或木炭；原本用落葉或家畜糞便製成的堆肥，則被化學肥料所取代。此外，農村的人口外流且日漸高齡化，有愈來愈多人轉讓農地，許多里山搖身一變成了住宅區、高爾夫球場或垃圾處理場等；無人管理而被棄置的里山中，樹木枝葉太過繁茂，陽光難以照射進去。水渠被混凝土填埋，生物被奪走了棲身之所。最終導致昔日在里山普遍可見的青鱂、螢火蟲與蝴蝶等等的生物數量減少，已經面臨絕種的危機。

為了守護里山所特有的豐富生物多樣性，人類必須持續且適當地著手打理，並且迫切需要對現狀採取對策。

PART 2
危機正悄悄迫近各種生物 ⑨

飲食的全球化導致多樣性消失而面臨糧食危機!?

全球的特有作物或家畜日漸喪失

自古以來，人類在各自的土地上生活著，從多采多姿的大自然恩惠中獲取食物，與生態系統巧妙地共處。然而，如今隨著飲食不斷全球化，可食用生物的多樣性已經有所減損。

根據聯合國糧食及農業組織（FAO）2019年的報告書，全球有6000多種植物作為食物被人類栽培。不過據說光是小麥、稻米與玉米等9種作物，就占了全球作物產量的66％。就連家畜也是僅由牛、豬與雞等少數物種來供應大部分人類消耗的肉品、乳製品以及蛋品。現代飲食相當依賴部分高經

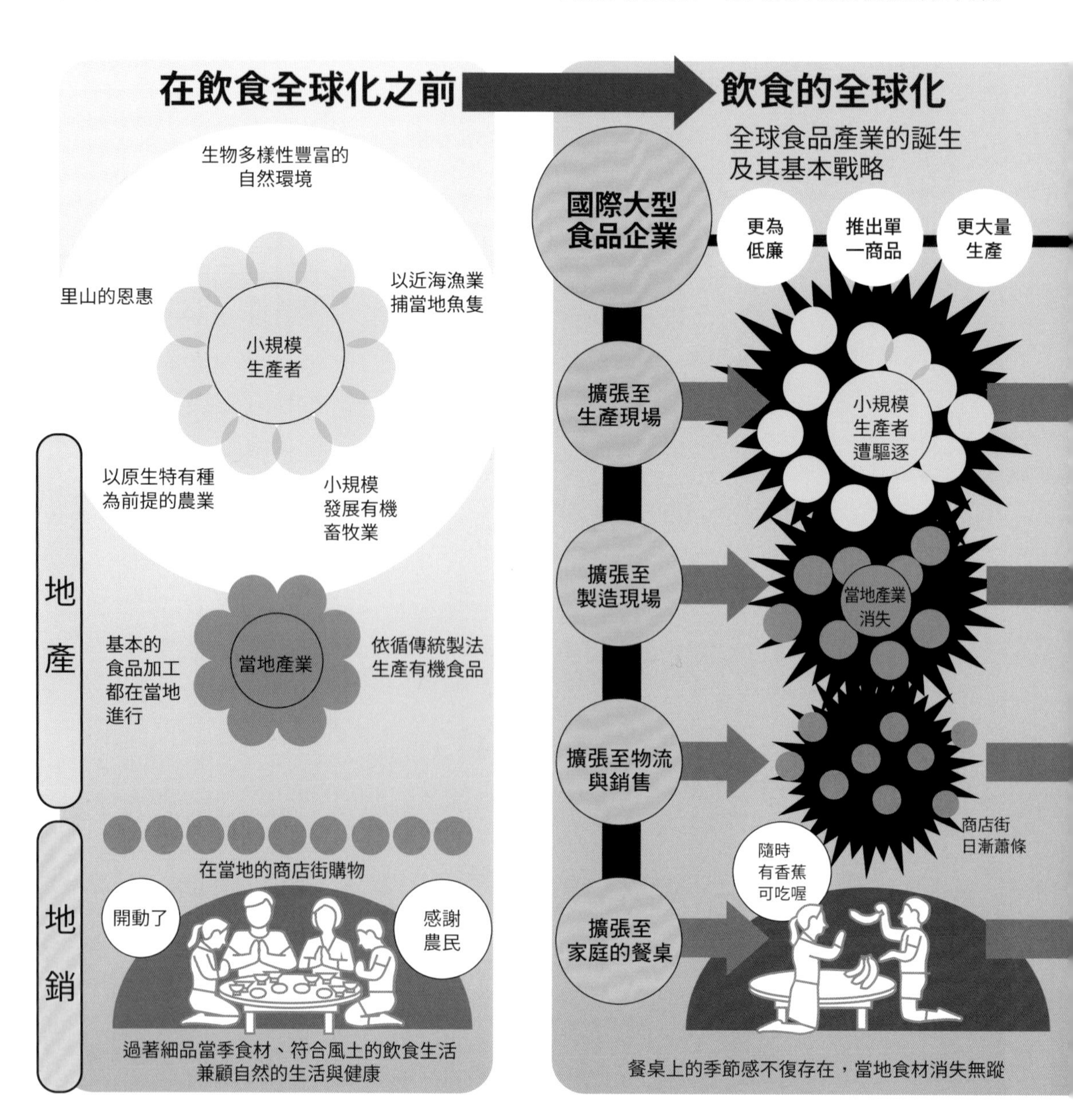

濟性的物種。

英國皇家國際事務研究所指出，現代飲食系統的問題點在於「更便宜」的觀念。生產者為了提供更便宜的糧食而大量生產一樣的東西。只要價格低廉，需求就會增加，需求一增加，就又進一步量產。這個惡性循環將會不斷上演。

為了大量生產，就必須在廣大的土地上大量投入水、能源與肥料等，結果破壞了該地原有的生態系統，導致無數的生物物種不斷流失。

此外，經濟性的品種蔚為主流後，世界各地的當地特有種作物與家畜品種都持續減少。尤其是日本，許多糧食都仰賴進口，各地的傳統蔬菜與特有物種的家畜正不斷消失。如果依賴特定的主流品種，當該品種遭逢自然災害等危害時，就很有可能演變成糧食危機。為了維持糧食的穩定，生物多樣性是有所必要的。

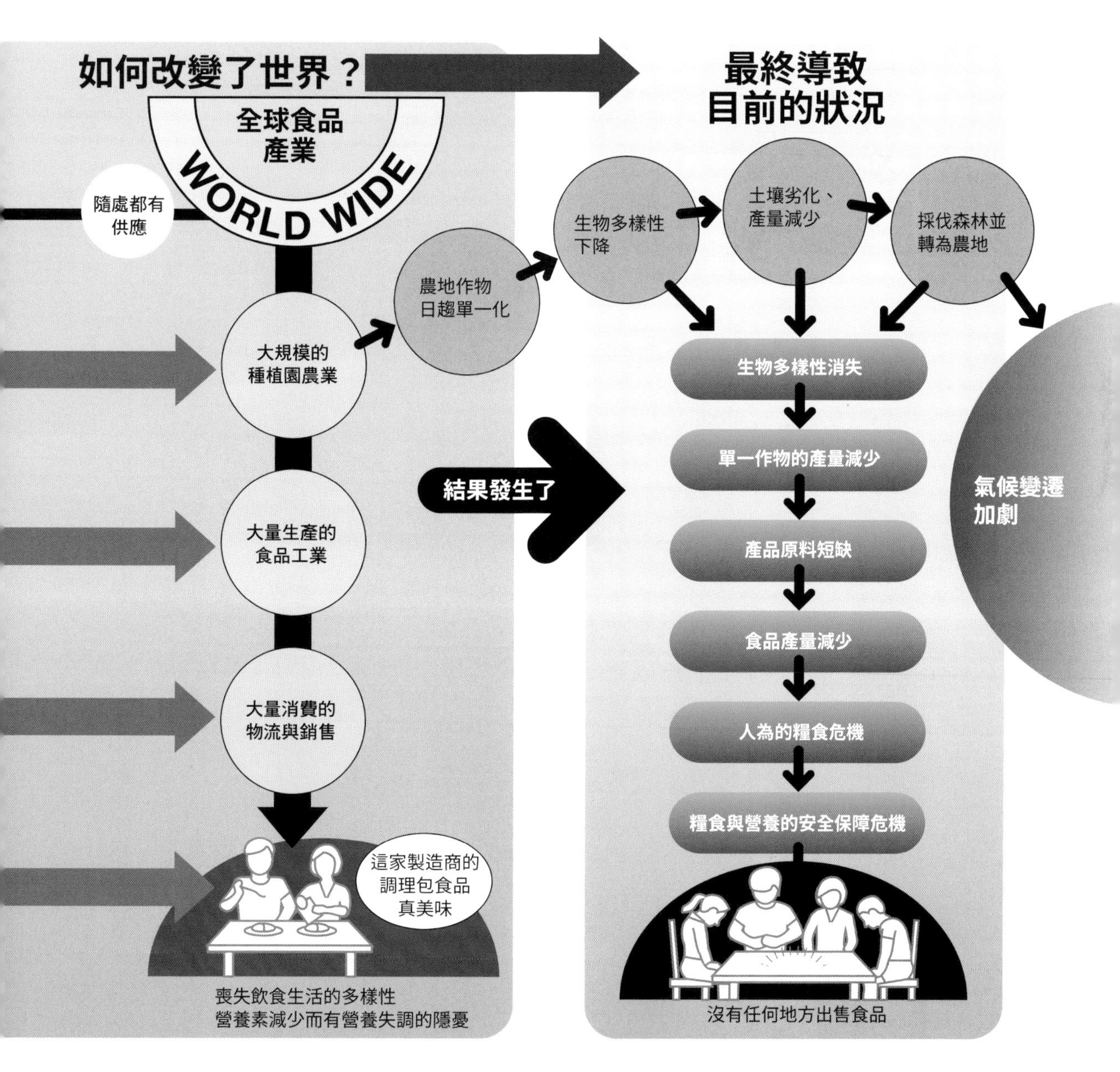

已開發國家的生物剽竊剝奪了開發中國家的生物資源

生物上的掠奪始於哥倫布

自哥倫布於1492年抵達美洲大陸以來，歐洲各國在其占據的土地上，開始壟斷他們所「發現」的動植物。這些動植物是原住民經年累月人工栽培或馴化出來的，當成食物或是用作藥物等各式各樣的用途，這些技術也是他們花時間絞盡腦汁創造出來的。歐洲各國單方面奪取這些成果，並將那些土地視為殖民地來統治。

第二次世界大戰落幕，大多數的殖民地紛紛獨立後，這個構造卻依舊沒有改變。已開發國家的全球化企業等，將開發中國家一直以來守護的生物資源轉化為商品，好從

中獲得龐大利益；另一方面，開發中國家卻未能從這些恩惠中得到半點好處。這樣的舉措無異於掠奪，因而被稱為「生物剽竊（生物資源的掠奪行為）」，受到開發中國家的譴責。

舉例來說，印度自古以來都把印度苦楝樹（Neem）用來製藥。然而，美國農務省與大型企業於1980年代去註冊了苦楝樹萃取法的專利。儘管萃取技術原本是在印度確立的，美國企業卻向印度的製造公司提出收購技術的要求。印度政府予以駁回並發起訴訟，卻是直到2005年才終於判定該專利無效。

除了印度之外，同樣的案例在其他國家也不勝枚舉。因此，聯合國根據1992年通過的《生物多樣性公約》（p64～65），敦促各國公平分配利益給開發中國家，但目前的現狀是世界各國尚未統一步調。

PART 2

危機正悄悄迫近各種生物 ⑪

人類過於接近自然界而引發跨物種的傳染病

自然破壞與動物貿易為起因

2019年於中國武漢市爆發的新型冠狀病毒肺炎，轉眼間便跨越國境、引發全球疫病大流行。於2022年的9月，全球的感染人數約為6億人，死亡人數超過650萬人，並且仍然沒有歇止的跡象。

傳染病是因病毒或細菌等病原體進入人體並繁殖所引起的。雖說人類自古以來就飽受傳染病之苦，但是近年來出現的頻率有所增加，尤其是在此之前還未知的新興傳染病。在過去40年期間所發生的新興傳染病約為30種，其中大部分都是從動物傳染給人類而被稱為人畜共通傳染病（Zoonosis）

的疾病。

一般認為，2002年從中國廣東省擴散開來的SARS（嚴重急性呼吸道症候群）之感染源為蝙蝠；2012年以中東諸國為中心爆發開來的MERS（中東呼吸症候群冠狀病毒感染症）則感染自單峰駱駝。目前尚未釐清新型冠狀病毒的感染源，不過據推測有可能是蝙蝠。

之所以會接連爆發來自動物的新傳染病，完全是人類過度接近野生動物所致。人類砍伐森林或隨意開發，破壞了野生動物的棲息地，又捕捉並販售野生動物作為食物或寵物，就此開啟了未知傳染病的大門。

在此之前的傳染病對策，都只把目光放在透過疫苗等來保護人類。然而，如今需要的是「防疫一體（One Health）」的思維，全面守護人類、動物與環境的健康。

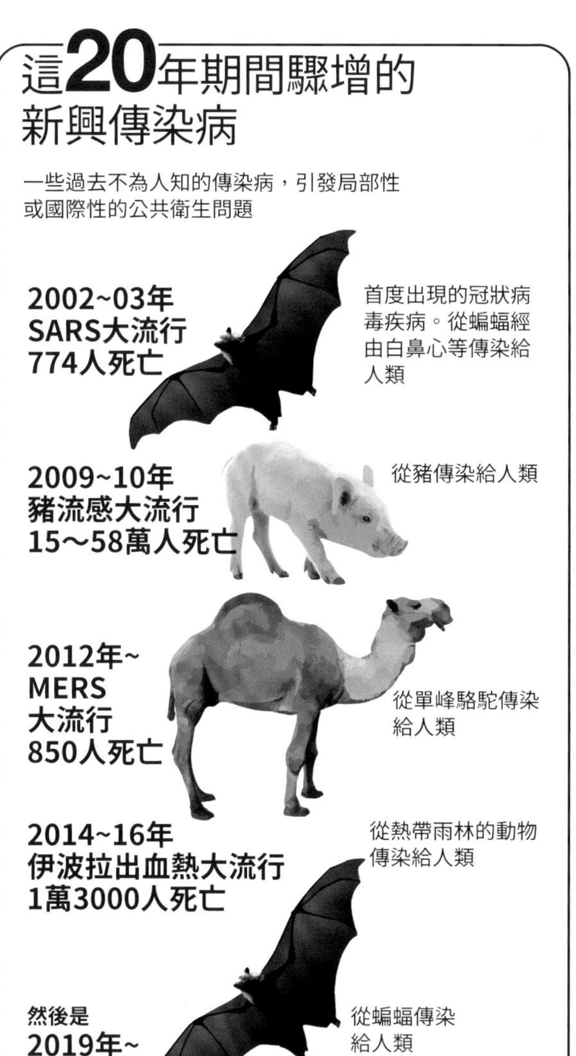

人類經歷過的全球性傳染病
死亡人數WORST10（1300年以後）

排名	傳染病	年份	死亡人數
1	黑死病（腺鼠疫）	1347~51年	7500萬~2億人
2	西班牙流感	1918~19年	5000萬人
3	AIDS	1981年~	3200萬人
4	科科利茲特利流行病（墨西哥）	1545~48年	1500萬人
5	天花（墨西哥）	1520年	800萬人
6	新型冠狀病毒肺炎	2019年~	650萬人（2022年9月6日當時）
7	亞洲流感	1957~58年	110萬人
8	俄羅斯流感	1889~90年	100萬人
9	香港流感	1968~70年	100萬人
10	倫敦大瘟疫	1665~66年	10萬人

※推估死亡人數眾說紛紜

PART 2

危機正悄悄迫近各種生物

⑫

日本是全球36個生物多樣性熱點之一

特有種聚集的重點保育區

下方的世界地圖中標示出經由國際自然保護團體「保護國際（Conservation International）」所選定的36個「生物多樣性熱點」。

所謂的「生物多樣性熱點」，是指雖為特有種眾多而生物多樣性高的地區，卻因為人類的活動而使該區物種面臨滅絕的危機。所有熱點加總起來也不過占地球陸地面積的2.4%，但光是這些地區就有50%的植物、60%的兩棲類、40%的爬蟲類、30%的鳥類與哺乳類棲息其中。守護擁有無數生物的熱點，也有助於保護全球的生物多樣

全球中被指定為生物多樣性熱點的36個地方

這些地區擁有全球規模的高度生物多樣性，同時瀕臨人類所引發的絕種危機

2000年由生態學家邁爾斯所指定的地區

之後被指定的地區

北美與中美地區

2. 中美洲
3. 加勒比海群島
8. 加利福尼亞州植物群落
26. 馬德林松橡林地
36. 北美沿海平原

歐洲與中亞地區

14. 地中海沿岸
15. 高加索
30. 伊朗-安納托利亞
31. 中亞山區

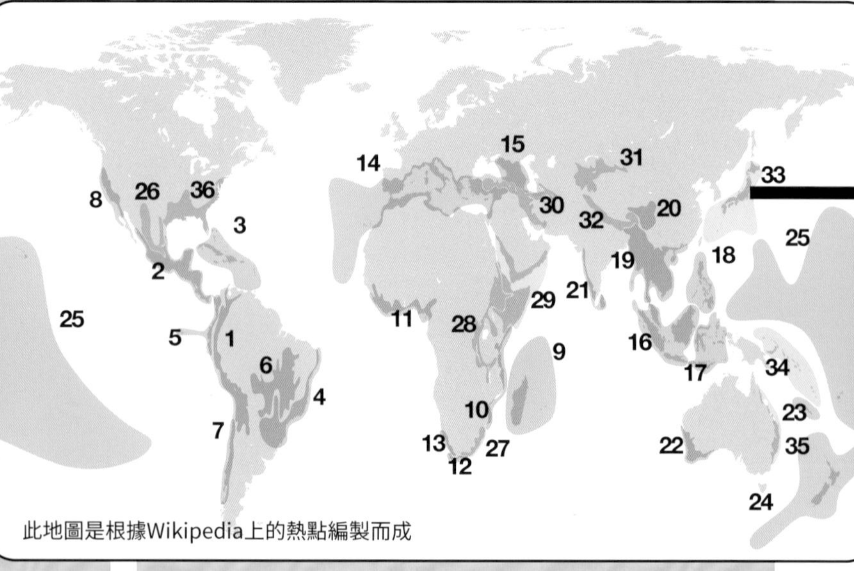

此地圖是根據Wikipedia上的熱點編製而成

南美地區

1. 熱帶安地斯山脈
4. 大西洋沿岸森林
5. 通貝斯-喬科-馬格達萊納
6. 塞拉多
7. 智利冬季降雨區-瓦爾迪維亞森林

非洲地區

9. 馬達加斯加與鄰近的印度洋群島
10. 東非沿岸林區
11. 西非幾內亞森林
12. 開普植物群落
13. 卡魯多肉植物區
27. 馬普塔蘭-龐多蘭-奧爾巴尼
28. 非洲東部山區
29. 非洲之角

亞洲與太平洋地區

16. 巽他群島
17. 華萊士區
18. 菲律賓
19. 印度-緬甸
20. 中國西南部山區
21. 印度西高止山脈與斯里蘭卡
22. 澳洲西南部
23. 新喀里多尼亞
24. 紐西蘭
25. 玻里尼西亞-密克羅尼西亞
32. 東喜馬拉雅山
33. 日本
34. 東美拉尼西亞群島
35. 澳洲東部森林區

性，所以目前迫切需要採取保育行動。

日本是特有種的寶庫

日本是全球36個熱點之一。有著豐富變化的地形與氣候孕育出多樣的生態系統，光是已知的生物物種就超過9萬種。不僅如此，約4成的陸地哺乳類、約6成的爬蟲類與約8成的兩棲類皆為特有種。

然而，都市開發與外來種的侵略等破壞了豐饒的大自然，被指定為瀕危物種的生物物種也不在少數。日本人應該要意識到，日本的大自然在這世界上可說是寶貴至極，必須悉心守護。

同時還要牢記一點，日本的糧食與木材等諸多資源都仰賴進口，也很有可能已經威脅到其他國家的熱點。

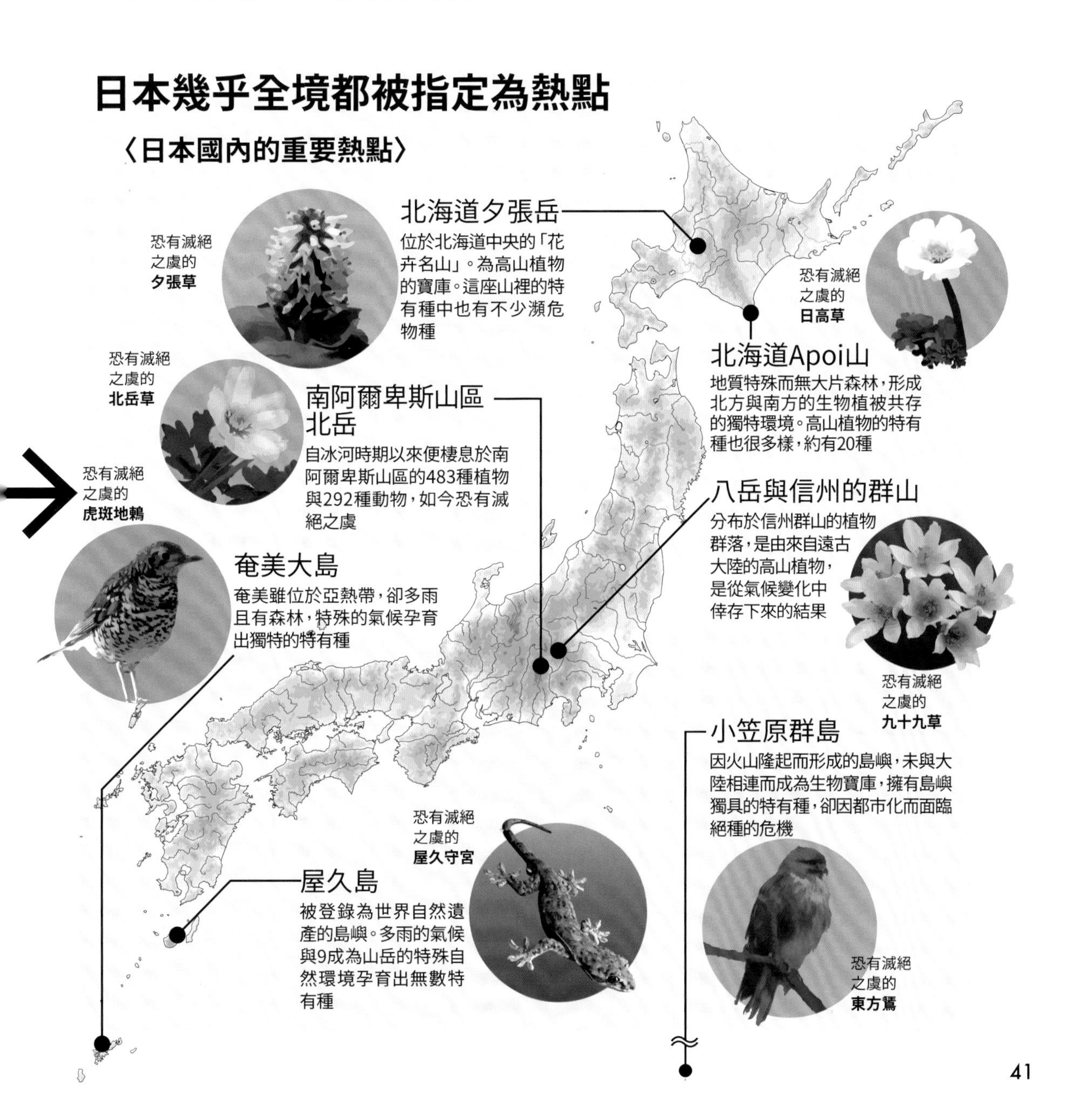

PART 3

人類與生物的關係史 ①

智人是唯一免於絕種的人類

獲得智能的最強人類

一般認為我們人類的祖先，是從黑猩猩等類人猿中分離出來，並於約700萬年前誕生於非洲。查德沙赫人被視為最早的人類，雖然可以使用雙腳站立行走，但他們仍

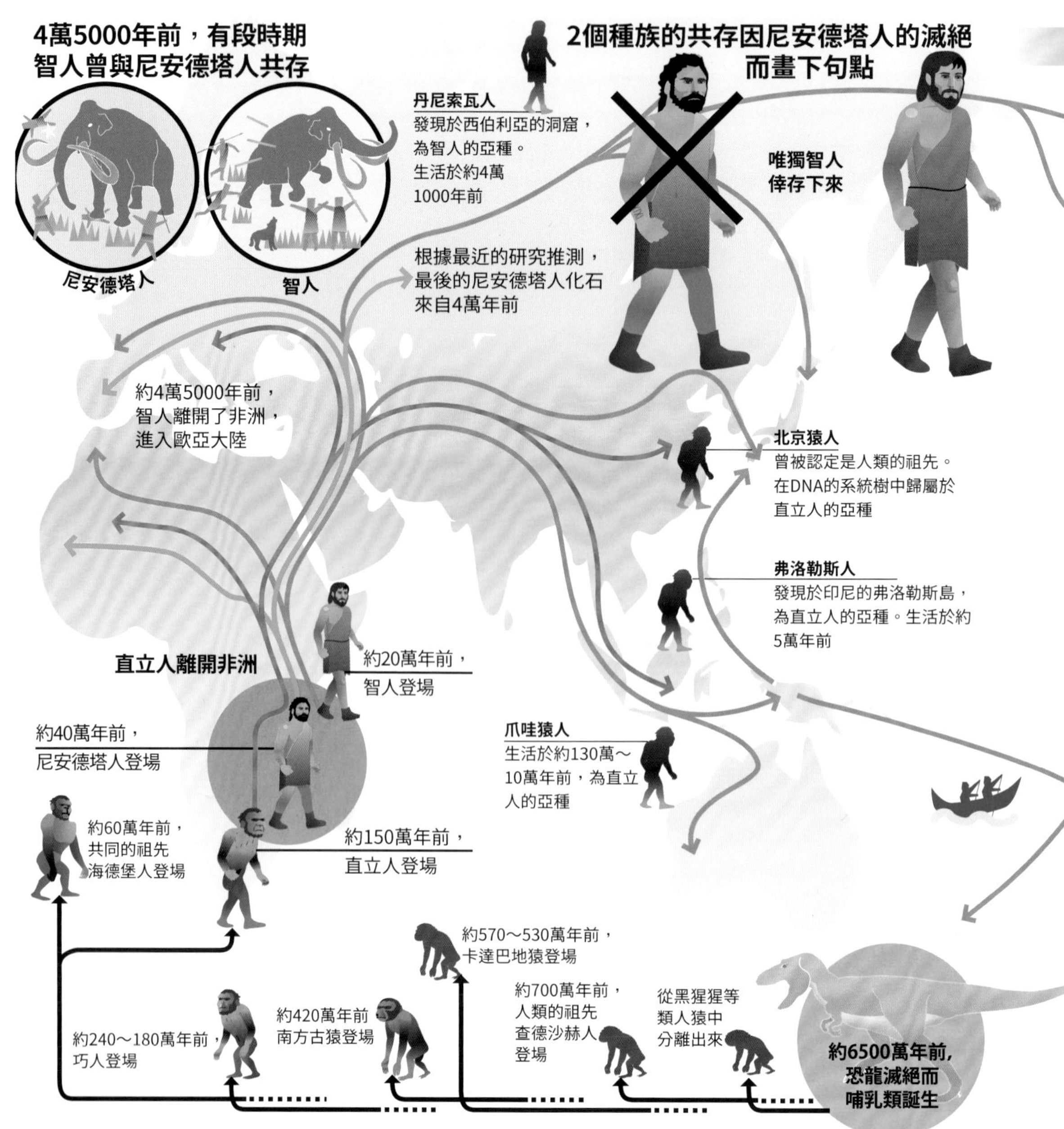

然只是近似猿猴的猿人。

後來出現各式各樣的猿人並持續進化，還學會使用簡單的工具。約200萬年前出現了擁有碩大腦袋的「人屬（*Homo*）」，他們改良了工具並展開狩獵，甚至開始用火。其中有些人離開了故鄉非洲，遷徙至歐亞大陸。一般認為尼安德塔人為其子孫，尼安德塔人主要是在歐洲完成進化的。另一方面，約20萬年前誕生於非洲的智人後來也橫渡至歐亞大陸，有一段時期曾經與尼安德塔人共存。

然而，智人是唯一存活至今的人類。唯獨智人得以免於絕種，是因為他們已獲得高度智能，並且透過這份智能一步步往上爬，成為史上最強大的生物。

智人為何得以倖存下來？

一般認為兩者生存的差異在於大腦功能的不同

尼安德塔人的腦部結構

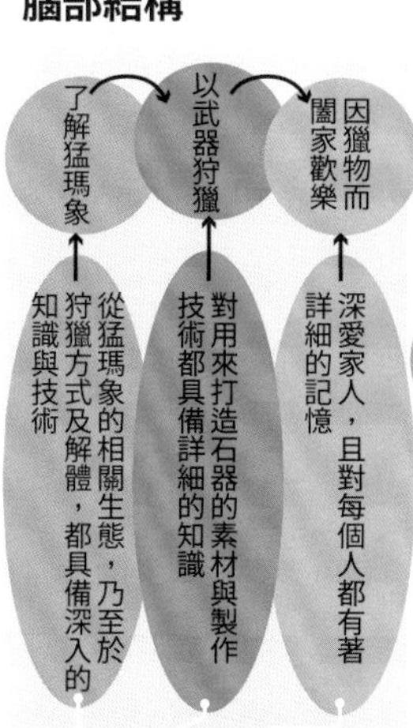

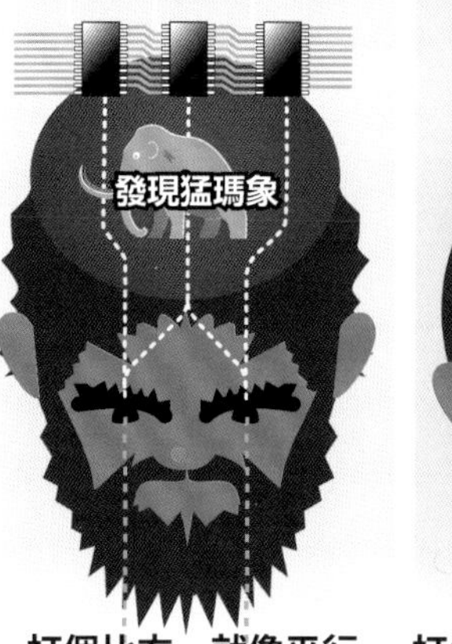

打個比方，就像平行運算的單功能電腦

個別的特定功能與能力很出色，但不擅長整合並運用這種能力？

智人的腦部結構

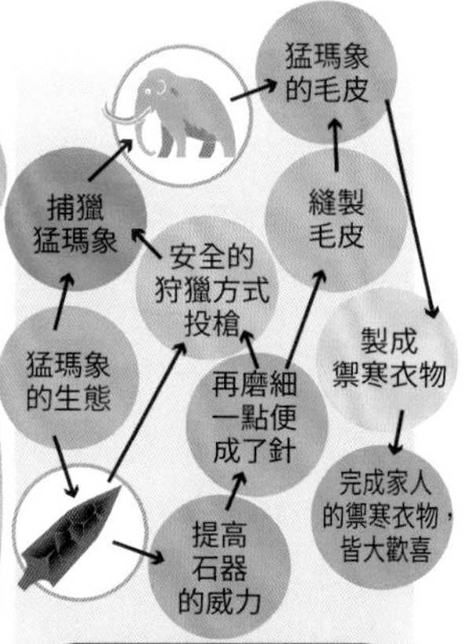

流動式智能

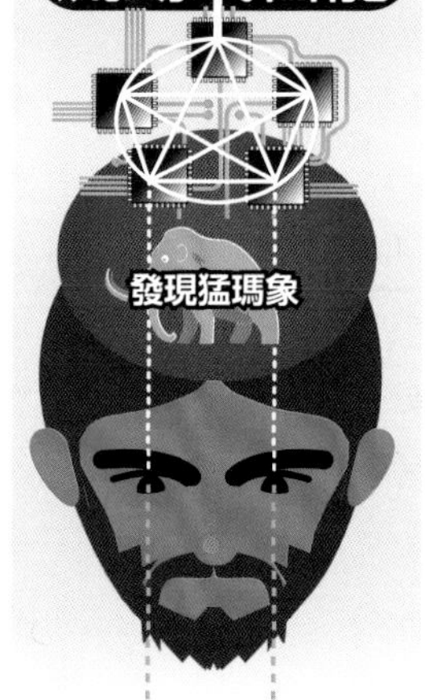

打個比方，就像小型網路電腦

自在地將不同領域的程式模塊串接起來，發揮深度的認知能力

現實 → 概念

智人會在自己腦中創造出概念性的世界，將現實世界加以抽象化

概念 → 語言

經過抽象化的概念會進化成共通的語言，這種共通的語言使智人得以擁有共通的世界觀

因語言而誕生的世界

- 宗教上的覺醒
- 故事的誕生
- 神話的創造
- 共同體的誕生
- 國家的誕生

1個人的想法可與多人共享，從而打造出強大且具創造性的世界

此現象被稱之為認知革命

隨後，文明開始萌芽

PART 3 人類與生物的關係史 ②

人類滅絕大型動物的同時，從非洲擴散至世界各地

大型哺乳類大量滅絕之謎

一般認為智人是從距今5萬～6萬年前，開始從故鄉的非洲展開大規模遷徙。我們的祖先花了好幾萬年時間，才逐漸擴散至世界各地。剛好那個時期正值最後冰河期的尾聲，當時生物界出現了某種異常狀況——被稱為巨型動物群（Megafauna）的大型哺乳類大量滅絕。

也有人認為其滅絕是氣候變遷所致。然而，如果單純只是因為氣候變遷，滅絕應該會在相同的時期發生，但卻因為地點不同時間點有所差異。這種差異意謂著什麼呢？

也有不少動物是滅絕於歐洲人開啟大航海時代後

渡渡鳥
棲息於馬達加斯加，是一種不會飛的鳥。因為歐洲人的濫捕而於17世紀末滅絕

爪哇虎
僅棲息於印尼的爪哇島上，為虎的亞種之一。熱帶雨林的開拓使棲息領域減少，再加上盜獵而終至滅絕

人類抵達後所引發的滅絕

下圖標示出人類的大規模遷徙與巨型動物群的滅絕率。滅絕率最低的是非洲大陸的21%。人類最早的誕生地是非洲，也就是所謂的原生物種，所以能與其他生物共存，應該沒有對生態系統造成太大的傷害。一般認為非洲至今仍保有許多野生動物，也是因為這個緣故。

另一方面，離開非洲的人類於3萬5000年～4萬5000年前抵達歐洲。結果在那之後，原棲息於歐亞大陸的巨型動物群有35%滅絕了。同樣的，其他大陸也是在人類抵達後，才發生巨型動物群滅絕的現象。可以由此研判，人類很有可能是導致巨型動物群消亡的原因。如果真的是如此，那麼應該可以斷言，人類的存在從那個時期開始，就已經威脅到生態系統了。

離開非洲的人類投注漫長時間來精進狩獵技術與工具。因此，在人類較晚抵達的南北美洲大陸，滅絕率有所提升

北美洲
60種中有50種已滅絕　滅絕率83%
人類抵達於1萬3000～1萬5000年前
滅絕發生於1萬1500～1萬5000年前

西方擬駝
棲息於北美平原的駱駝。
1萬年前因人類而滅絕。
已於亞利桑那州挖到化石

長角野牛
身高超過2.5公尺，
體重達2噸，
角長超過2公尺

美洲乳齒象
原始象的一種，身高2～3公尺。一直活到1萬1000年左右

南美洲
47種中有34種已滅絕　滅絕率72%
人類抵達於8000～1萬6000年前
滅絕發生於8000～1萬2000年前

北方巨恐鳥
將近4公尺高，以雙足步行的鳥。
在毛利族移居200年後滅絕滅

紐西蘭
人類於1000～2500年前抵達

雕齒獸
人類為了利用其堅硬的甲殼作為盾牌而獵殺牠們，據說已經滅絕

大地懶
全長6～8公尺，體重高達3噸，屬於地上型的樹懶

東部小袋鼠
原棲息於澳洲南部，是長得像兔子的袋鼠。成為移民的狩獵目標而於19世紀末滅絕

大海雀
棲息於加拿大東北部紐芬蘭島上的大型海鳥。歐洲人為了取得其羽毛與脂肪而濫捕，終至滅絕

PART 3 人類與生物的關係史 ③

因人類開始發展農業而被圈養的動植物

植物的栽培孕育出文明

人類在數萬年間為了尋求糧食而不斷遷徙，並過著狩獵採集的生活。約1萬年前，末次冰期結束後，地球逐漸變暖，植被變得多樣使得人類較易取得糧食，因而出現過著半定居生活的集團。以日本來說，相當於繩紋時代，人們過著從住家附近獲取大自然恩惠的生活，而且只在必要時取得需要的量。後來，人們開始從野生植物上取得種子加以栽種。這就是農業之始。

其中收成效率比較良好的是小麥與稻米等穀物。從這些穀物的野生地區展開的農耕文化，孕育出古代文明，並且讓人類有了

自7萬年前開始長久的末次冰期已接近尾聲

氣候隨即變暖

遇到小麥的原始物種群落

果實煮熟後可以食用

有些品種的果實不會隨風飛走

約1萬年前，人類定居並展開農耕生活

我們的田地只栽培這個品種

讓我們在這塊田地旁生活吧

從約20000年前起　狩獵採集生活　約10000年前

人類持續過著狩獵採集的生活

狗曾是相當優秀的狩獵夥伴。在冰河時期，人類成群結隊並與狗聯合起來發動攻擊，方能獵捕猛瑪象。據說這也是智人得以倖存的原因

早期務農的地區

玉米
自西元前5000年以來，在墨西哥乃至瓜地馬拉地區野生的原始物種，經過品種改良後才開始栽種

小麥
一般認為於1萬年前的中東新月沃土地區（敘利亞、伊拉克、以色列與巴勒斯坦等），自人們定居後就開始栽種小麥

稻米
約1萬年前就有人在中國湖南省一帶栽種原生稻種。稻作則始於西元前5000年左右

非洲米與稗米等
以西非為首，開始有人栽種非洲米、玉米與稗米等

甘蔗
從西元前6000年左右開始栽種，原產地為紐幾內亞。另有一說認為原產地為印度。

馬鈴薯
以南美秘魯的的喀喀湖的周邊為首，開始有人為栽種。於印加帝國時期成為支撐帝國的基礎食物

小麥　水稻　甘蔗　玉米　馬鈴薯　稗米等

10000 年前　5000 年前　0

玉米的原生物種大芻草（Teosinte）　+?　→　與原生物種相近的物種雜交後　→　於西元前3000年左右創造出與現在相近的品種

人類花了漫長時間讓野生物種得以人工栽培

此過程稱為馴化

飛躍性的發展。

透過品種改良來操控生物

另一方面，人們早在狩獵採集時期，就開始讓野生動物成為家畜。狗是最早的家畜，從狼進化而來，成了人類狩獵的夥伴。自從人類過起農耕生活後，也開始從事畜牧活動，飼養山羊、綿羊、牛與豬等等以獲取肉品與奶類，或是作為務農的動力。讓馬成為家畜並開始用於騎乘後，人類一口氣擴大了行動範圍。

無論是植物還是動物，並非一開始就存在適合栽種或飼育的物種。人們從野生物種中，挑選出性質對人類而言具有高度利用價值的物種，再透過幾代的繁衍，讓該性質逐漸固定下來。透過這樣的品種改良，孕育出現在的農作物與家畜的祖先。人類就此學會管理並操控生物。

人類建立了村落並讓動物成為家畜，進而展開農耕畜牧生活

這些動力被運用於農耕或拉運貨車

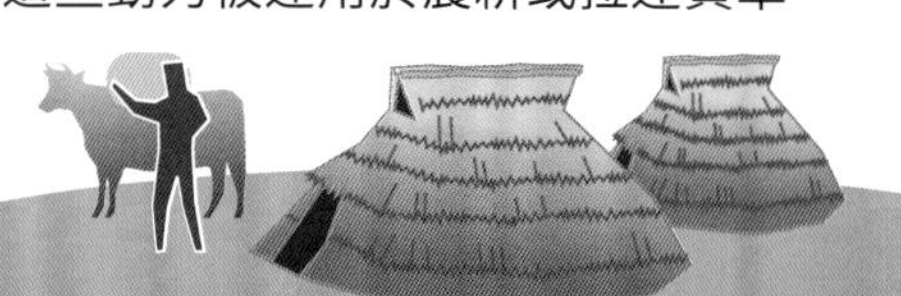

貓

貓是擅自開始與人類一起生活，其實未曾成為家畜？

最近的研究證實，野貓與家貓之間的DNA並沒有變化。貓未曾經歷馴化而改變。換句話說，貓似乎是擅自進入人類生活的

西元前7000年左右　前6000年左右　前4000年左右　前3000年左右

山羊

僅次於狗的早期家畜，於安納托力亞東南地區開始成為家畜。可接受簡陋的飲食並提供人類寶貴的乳製品與肉品

原牛是廣泛棲息於北半球的單一原生物種，人類利用鹽與水將其引誘至村落並馴化成家畜

連駱駝都被馴化成家畜

自西元前3000年左右開始，西亞便有人將駱駝馴化成家畜。利用駱駝在乾燥地區的耐旱能力，將其視為搬運用的家畜來飼養。肉品、毛皮、乳汁與負重，駱駝可於多方面運用，也催生出依賴其存在的社會。偶爾也會被用於戰鬥

將原本棲息於中亞的摩弗倫羊，家畜化成現今的綿羊

綿羊

能供應肉類給不斷遷徙的人們而成為彌足珍貴的存在。在遊牧中飼育，從而催生出遊牧民族。羊毛的運用始自西元前6000年左右，因為出現了底層絨毛不會脫落的變異物種

野豬廣泛棲息於歐亞大陸與北非，為雜食性，所以利用食物加以引誘便輕易被馴化成家畜。牠們會組成家族群體且偏好身體上的接觸，所以對集體飼育也不排斥

豬

最近的基因研究已經釐清，原棲息於俄羅斯南部的斯基泰馬便是馬的起源

馬

「馬銜」的發明

是人類為了自在操控馬匹的工具。在門牙與臼齒之間的縫隙間，裝上與韁繩相接的用具。目前已從西元前3500年左右的哈薩克遺跡中挖出了留有「馬銜」痕跡的馬齒

為供應蛋白質給人類，開始集體飼育山羊與綿羊，並在村落周邊的草地上展開畜牧業

在人類的經濟活動中，穀物或家畜成了金錢替代品

作物與家畜已形成一種經濟

人們往昔是從自然界獲取所需之物，如有不足則透過「以物易物」來補足。在大多情況下，都是交換作為糧食的動植物。

在開始從事農業，人們的村落也擴大之後，最終出現了都市國家。為了維持國家的運作，人們開始向國家繳納農作物等，這就是稅金之始。古代的美索不達米亞就是繳納小麥作為稅金。在還沒有金錢的時代，人人都想要的穀物便成了金錢的替代品。

古代的美索不達米亞也已經有「利息」的概念。在神殿借小麥的種子來栽種，再繳納比借來的量更多的小麥給神殿，一般

穀物與經濟密切地交互影響，從而催生出貨幣

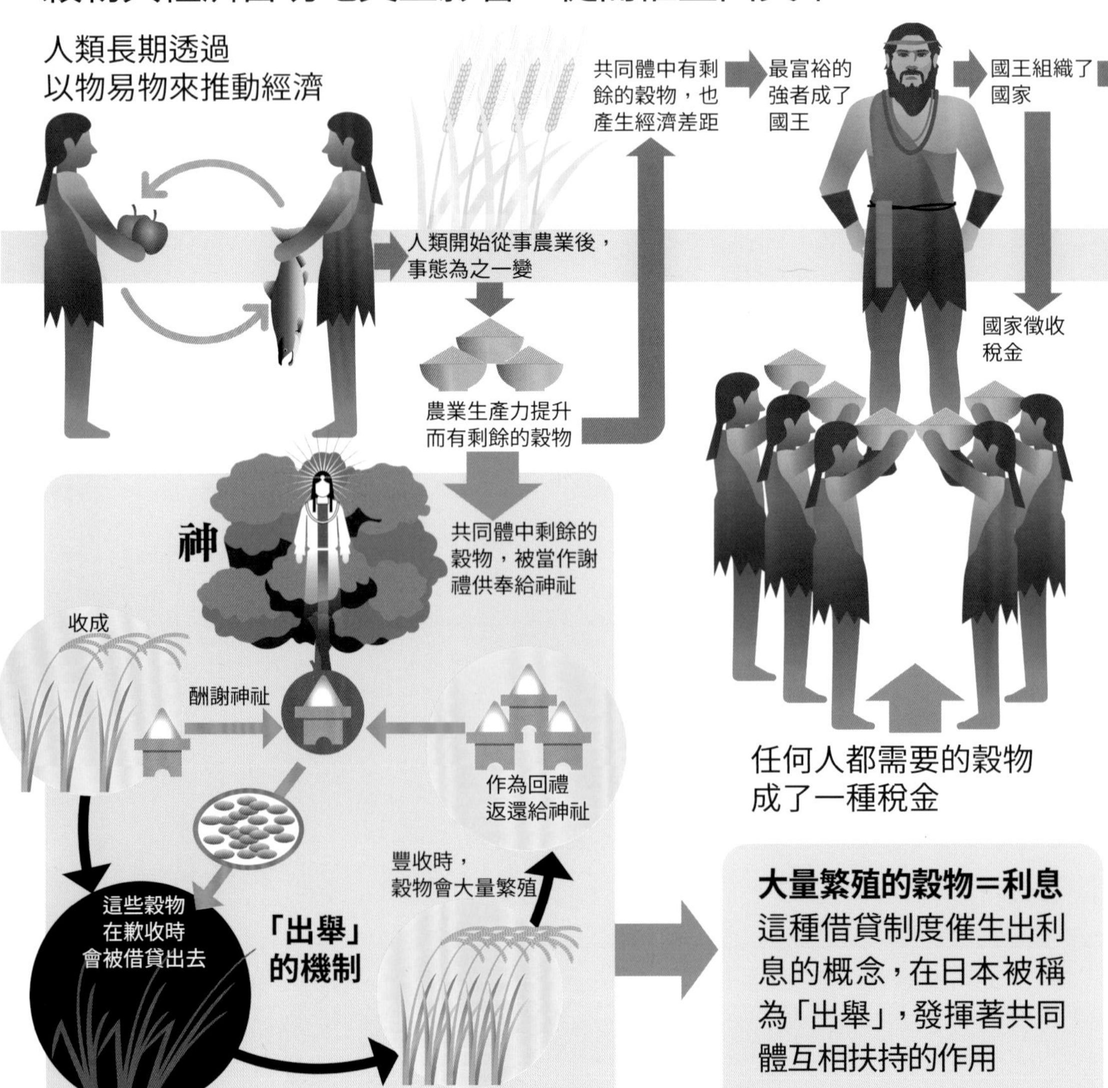

認為這便是利息的濫觴。栽種1粒麥子可以採收好幾倍的麥子。想必是這種生物的繁殖能力啟發了利息的思維。

在盛行稻作文化的日本，自古以來就有套相同的機制可以借貸稻種，名為「出舉」。最初是為了共同體之間的互助合作，將原本以應歉收的不時之需才準備的儲備稻種拿來借貸，再於秋季採收之後要求連本帶利地償還。

不僅限於穀物，世界各地都有人利用牛或山羊等家畜、動物的毛皮、貝殼、龜殼等，作為金錢的替代品來使用。這些又稱為「商品貨幣」。

在西元前7世紀左右出現了「金屬貨幣」，自從透過貨幣進行商品交易後，連穀物與家畜都被作為「商品」來進行買賣。生物就此被納入人類的經濟體系之中。

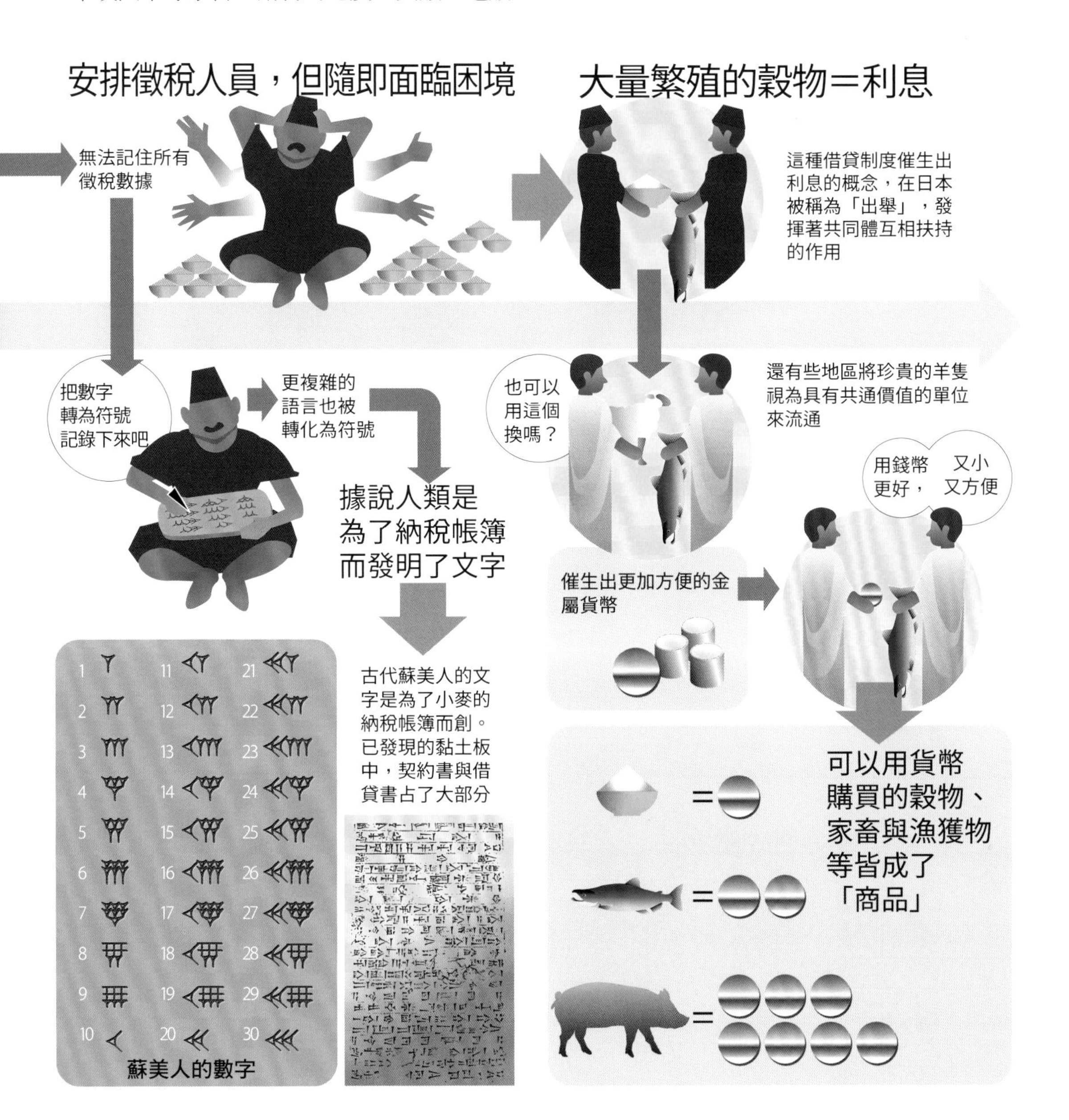

PART 3 人類與生物的關係史 ⑤

隨著哥倫布大交換而在大陸間大遷移的動植物

新大陸的蔬菜傳遍世界各地

1492年，義大利的航海家哥倫布，在西班牙皇室的援助下，航向汪洋大海，抵達了未知的美洲大陸。那裡充斥著前所未見的植物與動物。哥倫布將罕見的動植物帶回了西班牙。自此開啟了新舊大陸之間的生物大遷徙，史稱「哥倫布大交換」。

一般認為，馬鈴薯、玉米、番茄與辣椒等等，如今已傳遍世界各地的許多蔬菜，都是在這個大航海時期從新大陸帶到歐洲的。豐富的食材改變了歐洲的飲食文化，支撐著急遽增加的人口。

世界各大洲過去曾是一體的

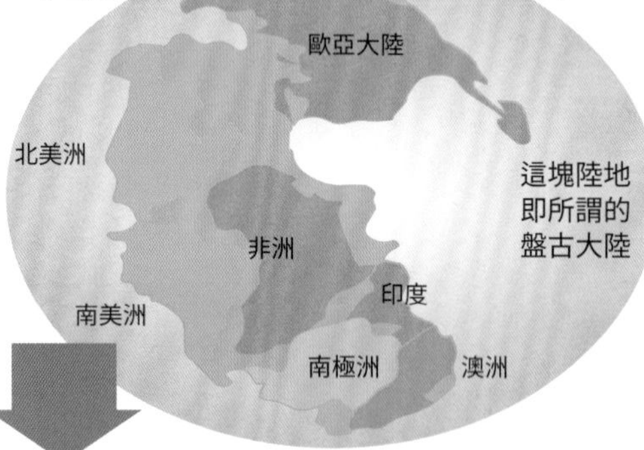

約2億年前因地殼板塊運動而分裂，形成如今的各大洲

各大洲的動植物都是獨自進化而無交集

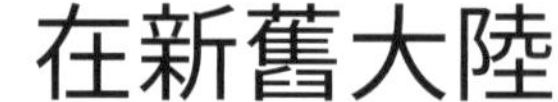

由哥倫布開啟的大航海時代

由此引發舊大陸對新大陸的侵略

有1個男人把這些孤立的世界連結起來

哥倫布
麥哲倫繞行世界一周的航線
法蘭西斯克·皮薩羅
華士古達嘉馬
航海家恩里克王子

導致特有種的滅絕

相反的，小麥、稻米與家畜等則是從歐洲帶進新大陸的。然而，卻也同時帶來了天花、霍亂與鼠疫等病原體，奪走當地原住民難以計數的性命。

1788年，歐洲也移民到擁有特殊生態系統的澳洲大陸。強制性的生物遷移與殖民地的開發，都對澳洲特有的生物物種產生莫大影響，據說迄今光是已知的就有約100個物種已經滅絕。

如今的五大洲過去曾是1塊相連的巨大陸地。這塊大陸從約2億年前開始分裂，分別演化出不一樣的生態系統。隔著海洋而相隔甚遠的各種生物原本不會有任何交集，但自從被人類以船隻載運而相遇後，世界發生了劇變。

之間進行的哥倫布大交換

舊世界
歐亞大陸的歐洲世界

動物與栽培植物隨同開拓者一起送了進來

來自舊世界的災難（＝疾病與暴力）摧毀了新世界

由此開啟了歐洲的大航海時代，隨後又展開奴隸貿易，以及歐洲列強對殖民地的統治

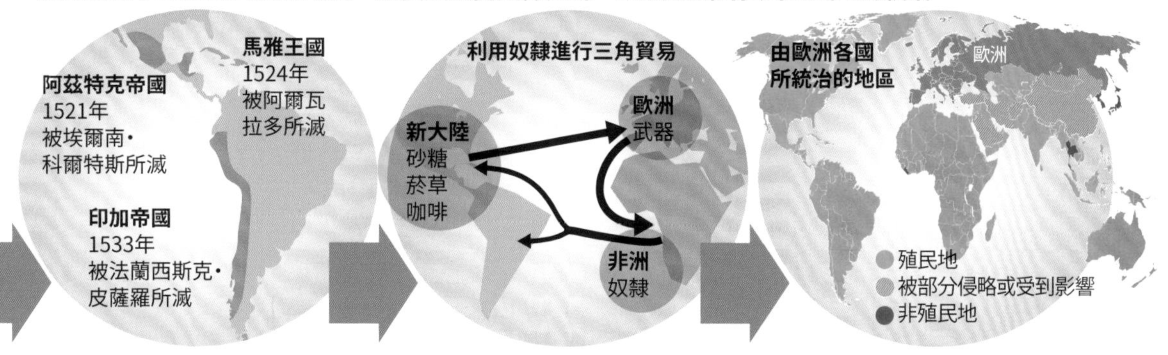

PART 3
人類與生物的關係史 ⑥

中世紀歐洲是木材文明的時代，陸續砍伐森林而消耗殆盡

森林的樹木成了工具與燃料

人類自遠古以來，便將森林的樹木運用於多種用途之上。用於製造工具的材料自然不在話下，特別值得一提的是將樹木作為生火的燃料來利用，這是只有人類才能獲得的熱能。

只要燃燒樹木就能用於照明、烹調或是取暖。為了確保火能燃燒不絕，對人類而言森林的樹木成了不可或缺之物。人類發現使用以木材燜燒而成的木炭便可獲得高溫、高熱的火焰，於是就能用來熔化金屬並逐漸提升製造工藝的技術。

昔日的歐洲曾有茂密的森林覆蓋

中世紀的木材文明便是利用這些森林中的樹木來打造所有東西

英國的高地森林被視為產業的能量來源而遭砍伐，就此消失殆盡

作為熱能來利用

用於暖爐　用於烹調　提煉金屬

為了將樹木作為熱源來利用，木炭被用於煉製青銅、煉鐵或冶金

作為建築資材來利用

中世房屋會在木造上粉刷灰泥

倫敦曾是座木造都市。歷經17世紀的大火後，搖身一變成了磚造都市

作為家具的材料來利用

作為產業工具的材料

載貨車　農具

打造鐵製兵器

打造軍艦的材料

當時的帆船戰艦被稱為風帆戰艦，會搭載許多大砲來進行團體戰

開始煉鐵導致森林遭到砍伐

煉鐵技術始於西元前15世紀左右的西臺帝國，從古希臘傳至羅馬，然後廣傳至歐洲各地。

歐洲原本有茂密的森林覆蓋，於中世紀迎來木材文明的時代。無論是工具、房屋或船隻，所有東西都是用木材打造而成，家家戶戶不斷添柴以確保暖爐或爐灶的火源源不絕。這時引進了煉鐵技術，木炭的需求頓時飆高，於是開始砍伐森林、從中取得大量的木材。尤其是當時正在強化國力的英國，木材的消耗量特別大。無數巨木被用以打造戰艦，並燃燒大量木炭來鑄造大砲。英國的森林因而減少，結果不得不從周邊國家進口木材。

曾經豐饒的歐洲森林就這樣陸陸續續消失，人們開始尋求新燃料來替代木炭。

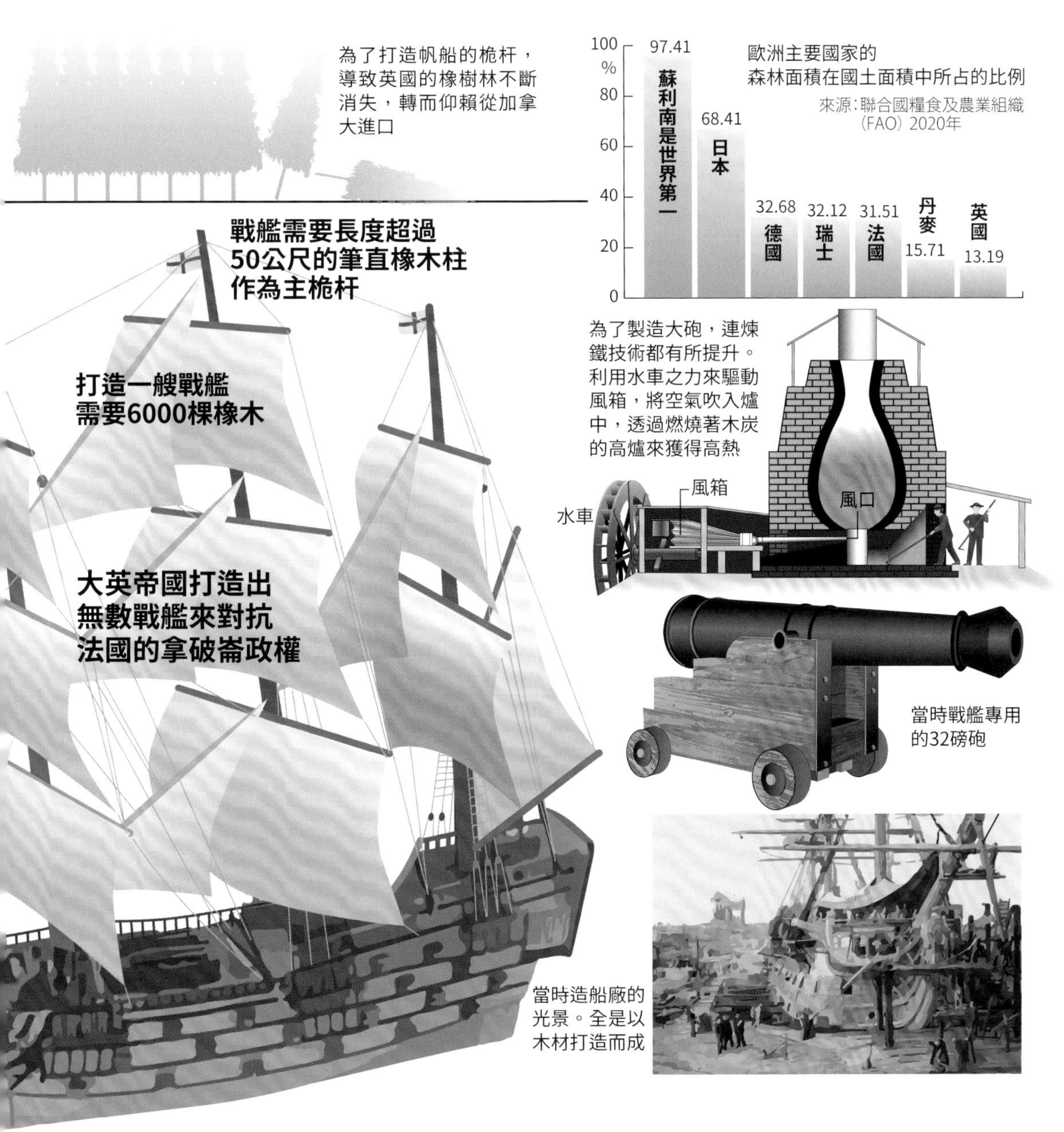

工業革命不斷挖掘化石，破壞了大自然並導致地球暖化

PART 3 人類與生物的關係史 ⑦

古代生物的碳被釋放出來

我們的生活是由不計其數的生物資源所支撐，不過有些乍看之下不會察覺是由生物而來。其中較具代表性的便是煤炭與石油等化石燃料。

化石燃料的來源是：生活在幾千萬年或幾億年以前的生物死後，遺骸被埋入地底，並在熱與壓力的作用下轉化為易燃的成分。一般認為煤炭是來自蕨類等森林植物，而石油則是源自海中的浮游生物或藻類等。「可燃石」與「可燃水」的存在自古以來便為世界各地所知，但是一直等到18世紀後半葉，英國發起工業革命後才開始正式使用

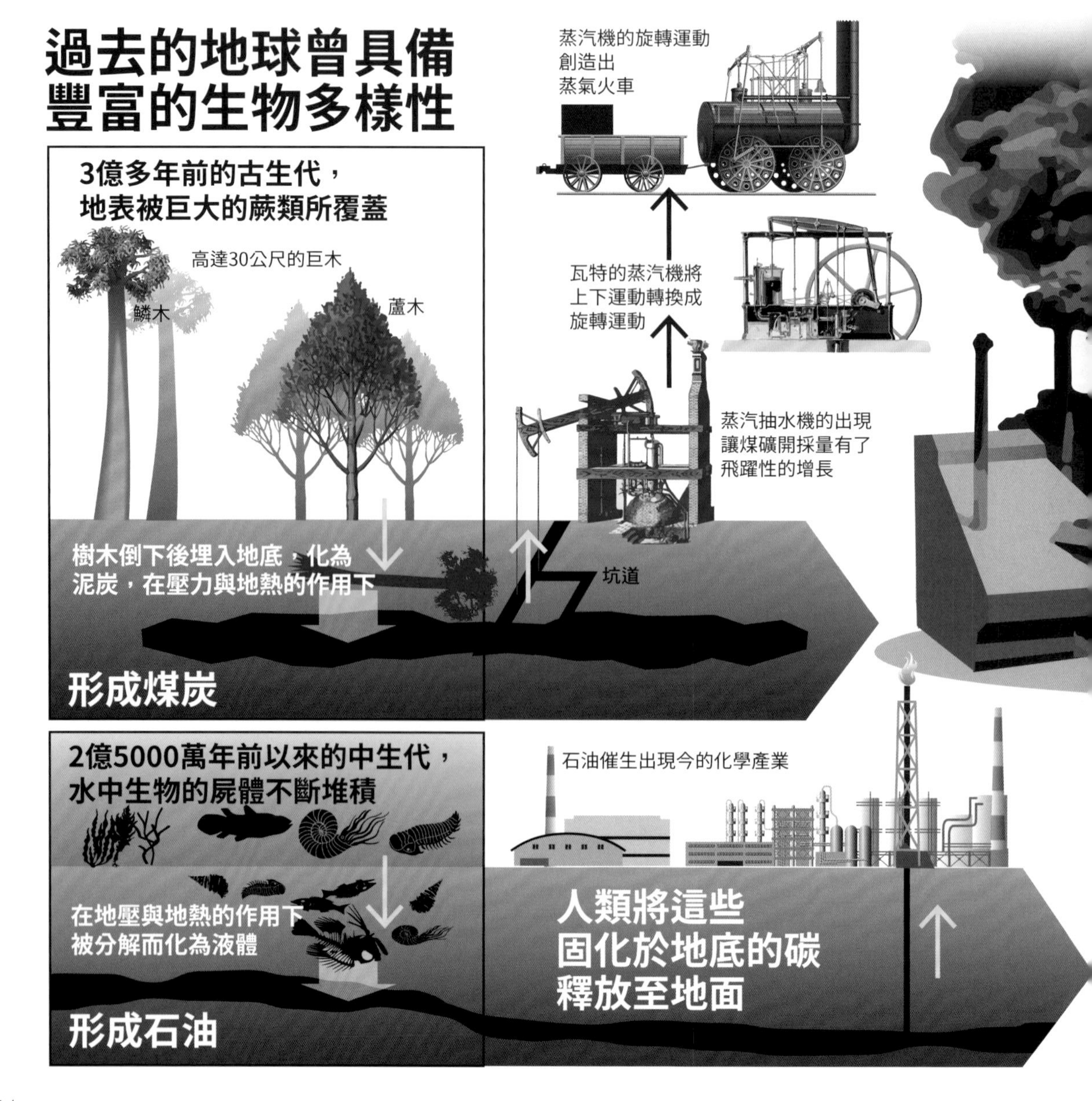

它們。

首先是煤炭，作為木炭的替代燃料並用於煉鐵與蒸汽機，一口氣推動了工業化。然而，這正是環境汙染的開端。工廠煙囪吐出的煙，化作有害的煙霧並遮蔽天空，奪走了無數人類與家畜的性命。此外，工廠廢水與生活廢水都直接排入河川，導致魚隻再也無法棲息其中。

地球暖化也是從這個時候開始的。人們當時還不知道，只要燃燒化石燃料就會產生二氧化碳（CO_2），還會因溫室效應導致氣溫上升等。自從19世紀後半葉開始開採石油後，進一步排放出更多的CO_2。進入20世紀後，隨著石油化學工業的發達，又催生出名為塑膠的新素材。

諷刺的是，人類挖掘出遠古時期生物多樣性所帶來的恩惠，反而促使了地球的環境汙染與暖化，進而逐漸威脅到現代的生物多樣性。

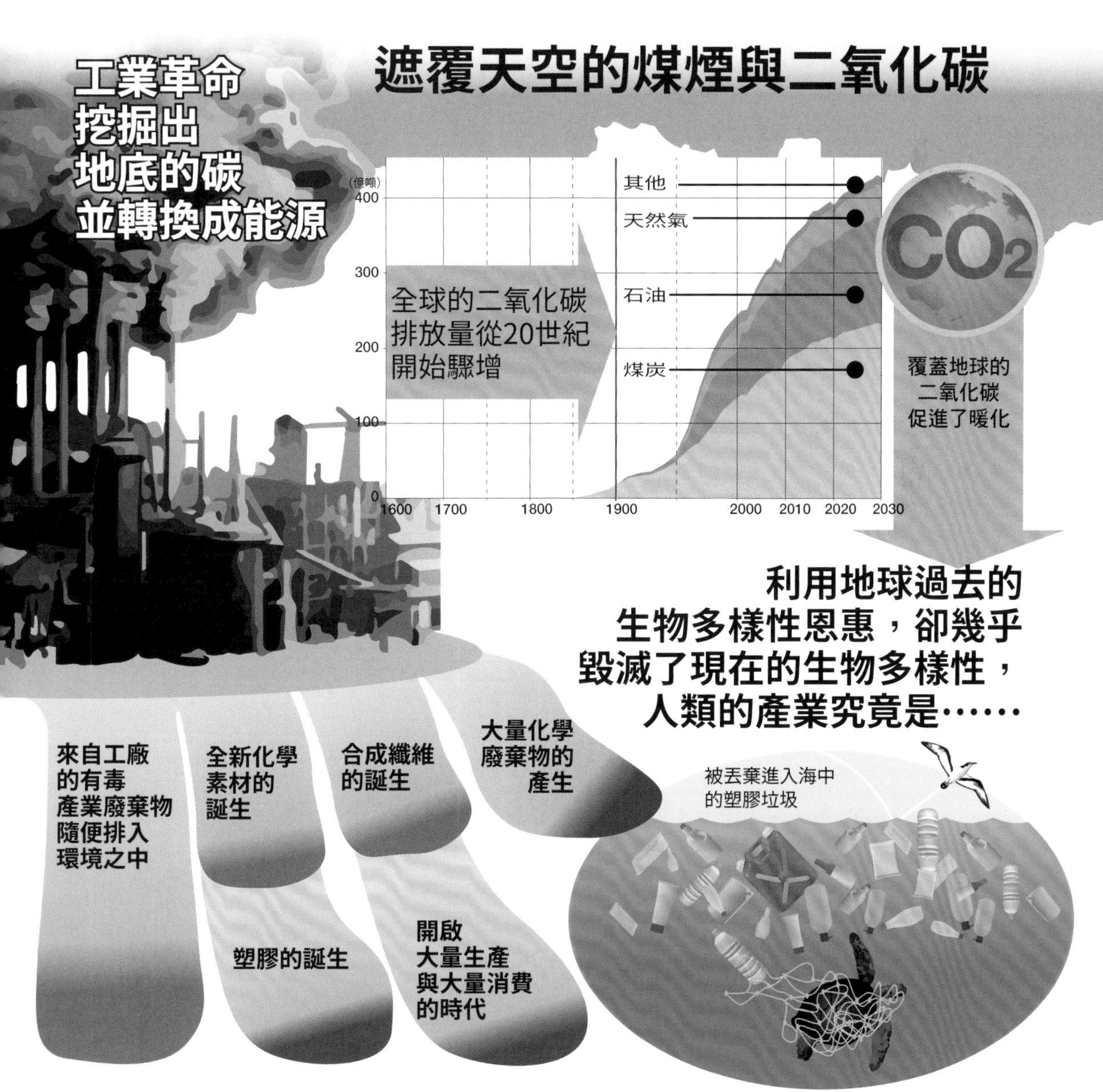

PART 3 人類與生物的關係史 ⑧

綠色革命挽救了糧食危機，卻使農業工業化而破壞生態系統

對糧食增產有所貢獻的奇蹟小麥

第二次世界大戰後，開發中國家的人口爆發性增加，糧食短缺的問題日益嚴峻。透過品種改良、化學肥料與農藥的運用、灌溉設備的整頓等，來推動近代農業的「綠色革命」，挽救了這場危機。

美國農學家布勞格在其中，發揮了領導性的作用。他加入了美國政府與洛克菲勒基金會等所支援的墨西哥農業實驗，並透過品種改良創造出收成量大的「奇蹟小麥」，成功讓產量突飛猛進。曾是小麥進口國的墨西哥，不僅可以滿足國內的需求，還搖身一變成了小麥出口國。

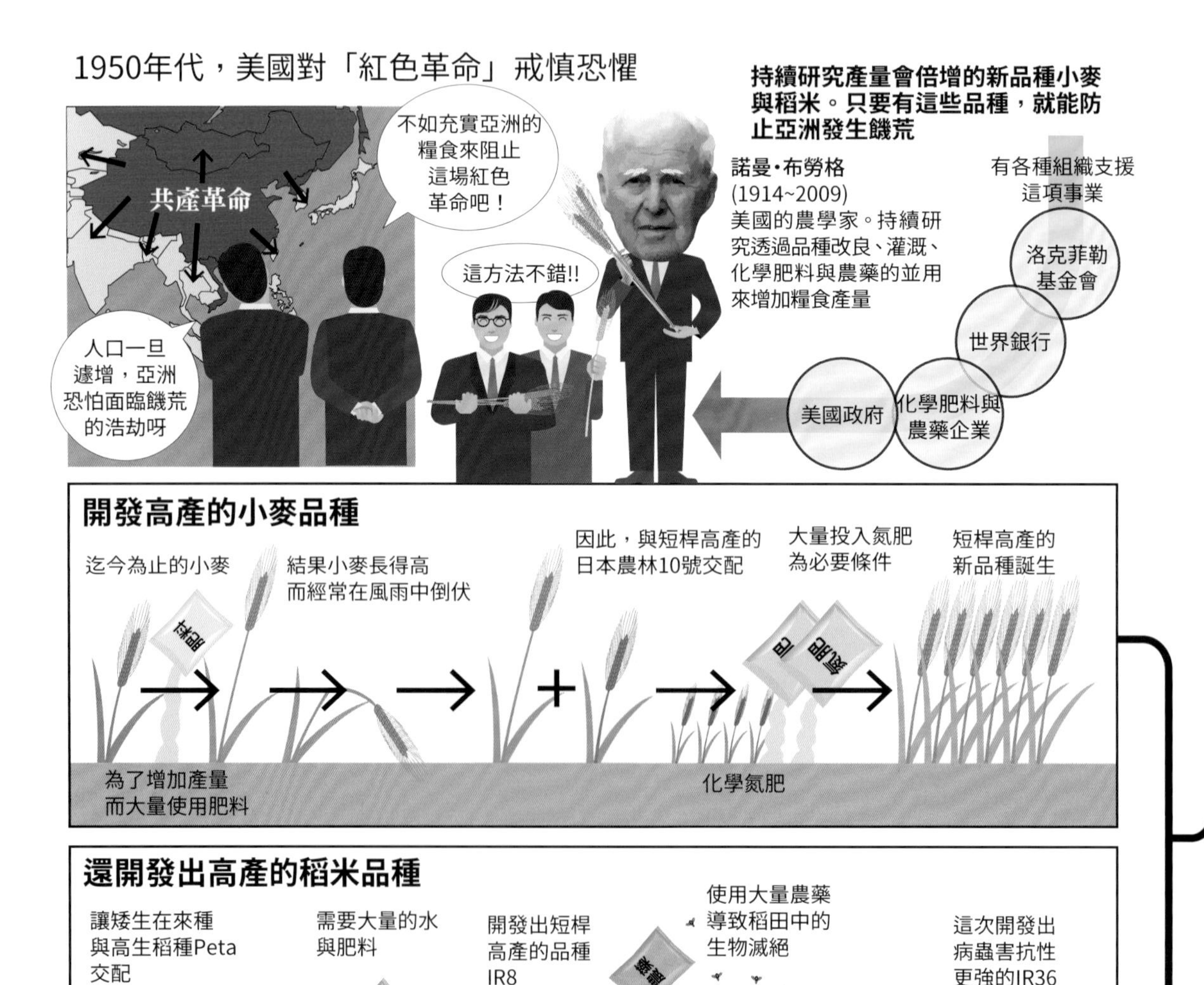

布勞格在那之後又到亞洲進行農業指導，對糧食增產做出了貢獻。他憑藉著拯救世界免於飢餓的這份功績，於1970年獲得諾貝爾和平獎。

大量生產單一品種的弊病

綠色革命讓開發中國家的農業有所提升，卻也存在著問題，即開始大量生產單一品種而導致其本土特有作物消失無蹤。大量投入化學肥料與使用農藥，都在土壤與生態系統留下了不好的影響。

美國會支援開發中國家其實是有原因的。當時正值冷戰時期，為了阻止南亞遭到共產主義的「紅色革命」染指，美國試圖透過農業支援將其納入資本主義的陣營。不僅如此，以特定品種搭配化學肥料與農業，成套銷售給發展中國家並藉此獲得龐大利益的，也正是美國企業。

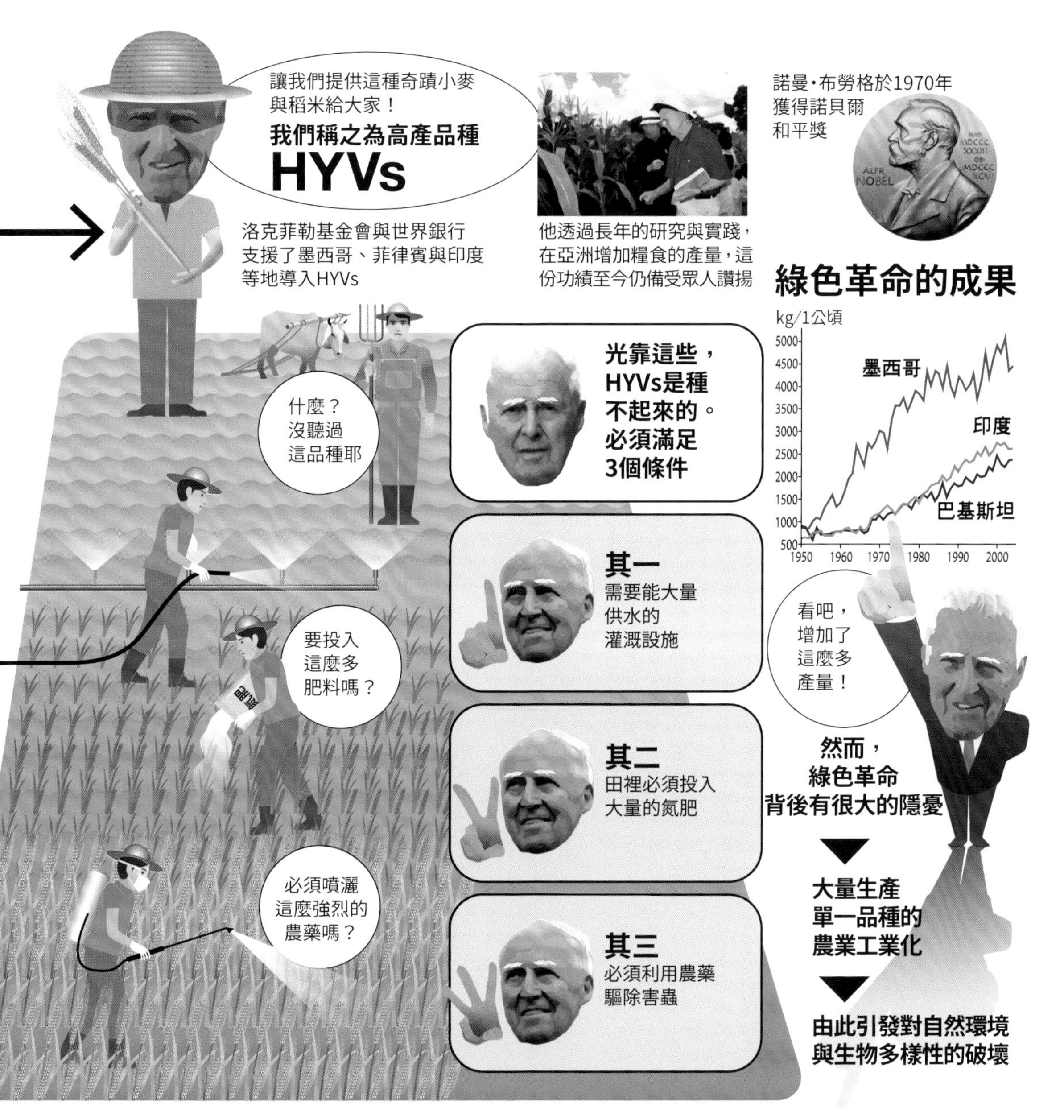

PART 3 人類與生物的關係史 ⑨

化學物質遭濫用，在生物體內逐漸累積

毒性因生物濃縮作用而提高

美國生物學家瑞秋·卡森於1962年發表了著作《寂靜的春天》（繁體中文版由野人文化出版），控訴作為農藥來使用的化學物質有多麼危險，震撼了全世界。

當時的美國大型農場為了驅除害蟲，會駕駛西斯納飛機從空中噴灑一種名為DDT的化學物質。不僅限於農場，DDT的白色粉末也會不分區域地灑落在附近的湖泊或房屋上，且不會被分解而一直留在原地。長期下來會不會對人體或是動植物產生什麼影響，人們在對該狀況一無所知的情況下仍繼續使用，卡森對此敲響了警鐘。

一切始於神奇殺蟲劑 DDT的誕生

1873年，在澳洲合成成功
1939年，瑞士製藥公司嘉基（J.R. Geigy）發現了DDT的殺蟲效果而開始製造

DDT是一種「接觸毒」，蟲類光是接觸到就會發揮作用，殺蟲效果絕佳。化學合成的DDT價格低廉，自發售以來的30年間已經使用超過300萬噸

在1950年代的美國農園中被大量使用

利用飛機在大規模的農園中噴灑DDT
結果導致周邊自然環境發生變化

「鳥兒到哪裡去了？後院的餵鳥架沒有鳥兒光臨。少數還能看到的鳥兒奄奄一息，抖得很厲害，飛不起來。」（摘自《寂靜的春天》）

瑞秋·卡森
(1907~1964)
美國賓夕法尼亞州出身。首度指出農藥化學物質的危險性，將其視為環境問題並公諸於眾的生物學家。著有《寂靜的春天》。

成為全球環境運動之起點的經典名著《寂靜的春天》在美國各地成了暢銷書，人們首度認識到農藥化學物質所引起的生物濃縮現象之現況及其危險性

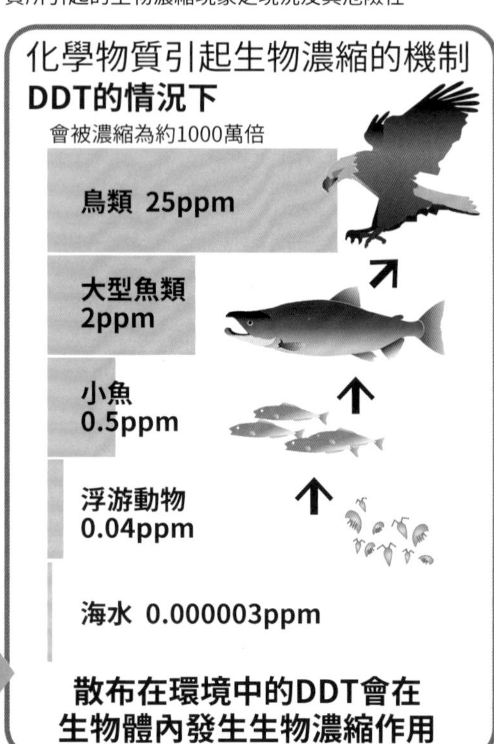

其中她特別憂心的是「生物濃縮」的問題。一旦難以分解的物質進入生物的體內，濃度會變得比在自然環境中還要高。不僅如此，卡森義正辭嚴地表示：這些物質一旦經由食物鏈從小型生物轉移至大型生物體內，濃度又會大幅提高。

水俁病是同一時期發生在日本的公害病之一，也揭示了生物濃縮有多麼可怕。這種會造成神經異常的怪病，是因為甲基汞從化學工廠流入河川中，並在生物濃縮的作用下積存於魚類體內，而人們在日常中多以此為食所致。

卡森的呼籲提高了人們的環境意識，從而開始加強對化學物質的限制。然而，像DDT這類容易積存的物質是在過去所排放的，但卻會永久殘存於大氣之中、部分則是融入海中。這些物質如今附著在海洋塑膠垃圾上，增加了汙染的濃度，引發威脅海洋生態系統的新問題。

也成了追究日本水俁病的助力

水俁病是一種因公害引發的疾病，起因於新日本窒素肥料公司往水俣灣傾倒在製程中產生的甲基汞。毒物在生物濃縮的作用下積存於魚類體內，水俣的漁民吃下肚後引發汞中毒。企業與自治體阻撓人們釐清這種水俁病的發病原因，耗費漫長時間才解開病因

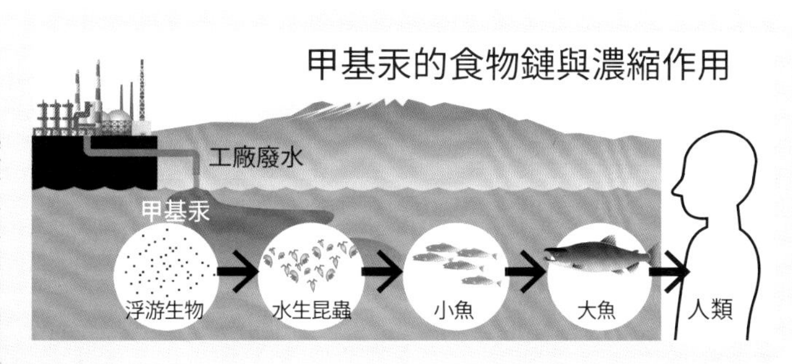

全日本也有報告指出PCB汙染

琵琶湖中的PCB生物濃縮狀況　來源：日本環境省

田螺 0.41ppm

瀨田蜆 0.47~0.7ppm

寬鰭鱲　0.62~1.5ppm

麥穗魚　1.1~1.5ppm

PCB過去並未受到限制，而被用於電器用品、熱媒與無碳複寫紙等，其中一部分已釋放至環境中。PCB無法自然分解，會積存於脂肪等處

開始有許多公害導致的病被舉報

《寂靜的春天》改變了對化學物質安全性的概念

不光是毒性所造成的直接傷害，
還有因生物濃縮作用而進入體內
並長期殘留所引發的健康危害

DDT與PCB會吸附在塑膠微粒上，至今仍以POPs的型態汙染著海洋，對海中生物造成威脅

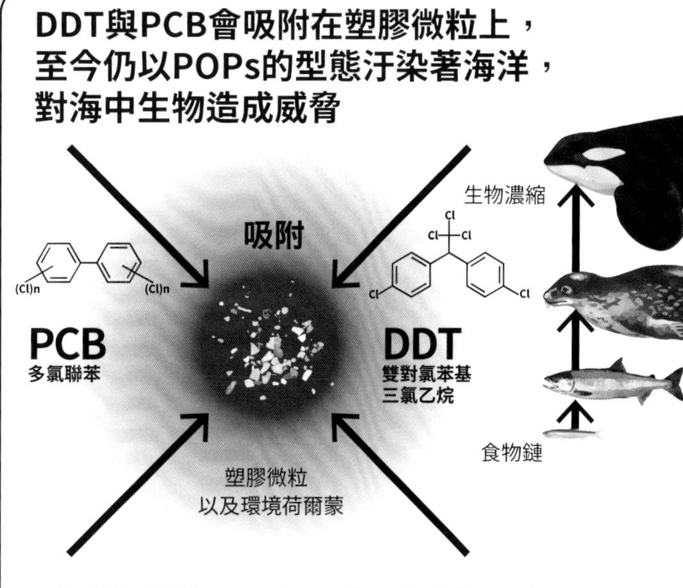

海洋塑膠垃圾現在成了人們關注的焦點。這些垃圾會在海水中碎裂成細微的顆粒，化作塑膠微粒，並吸附海水中的DDT與PCB等化學物質。這些被稱為POPs（持久性有機汙染物），在海洋生物體內濃縮成數千倍

PART 3 人類與生物的關係史 ⑩

透過基因改造來改良品種，人類為自身需求而改變生物

從揀選、交配到基因改造

人類自古以來不斷進行著作物與家畜的品種改良，一開始是從野生物種中揀選出符合人類需求的來繁殖。到了下一個階段則開始讓性質各異的物種互相交配，創造出兼具彼此優良性質的品種。

到了1960年代，基因研究突飛猛進，並從中衍生出「基因改造技術」。這項技術是將某種生物的部分基因編入其他生物的細胞中，使其具備新的性質。人們開始利用這項技術，創造出擁有多樣性質的「基因改造作物」。

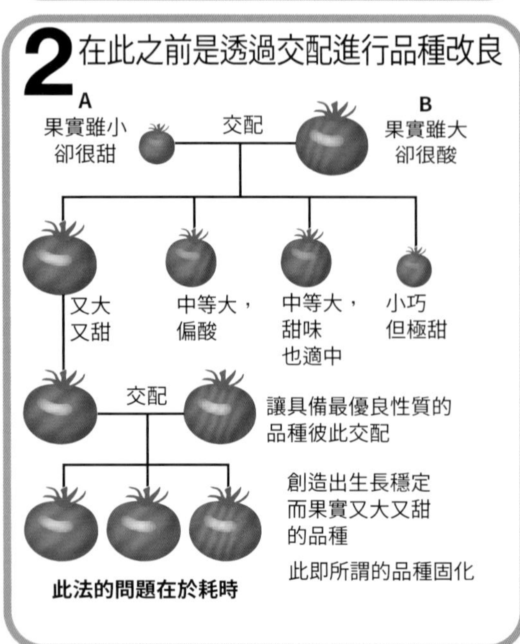

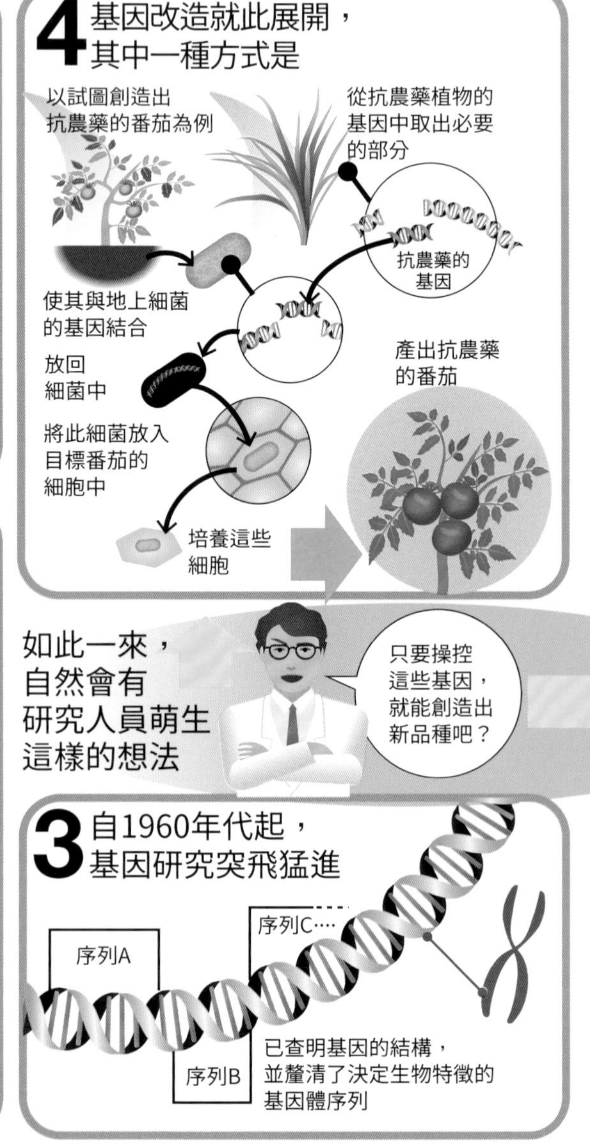

在市場上流通的基因改造作物

日本目前尚未開始進行基因改造作物的商業種植，不過會從美國與加拿大等地，大量進口對特定除草劑抗性強的大豆或抗蟲害的玉米等，用於加工或作為飼料。

然而，基因改造作物是不存在於自然界的植物，經年累月後，會對人體或生態系統造成什麼樣的影響尚未有定論。也有可能像外來入侵種般驅逐原生的野生植物。此外，也有人指出其他的危險性：基因改造作物的花粉可能會飛散，在無意中使一般作物成了基因改造作物。

基因改造不僅限於植物，也會使用於動物身上加以操作，目前已開始針對人類為了自身需求而改變生物之舉是否恰當來進行探討。

研究人員甚至想到這方面

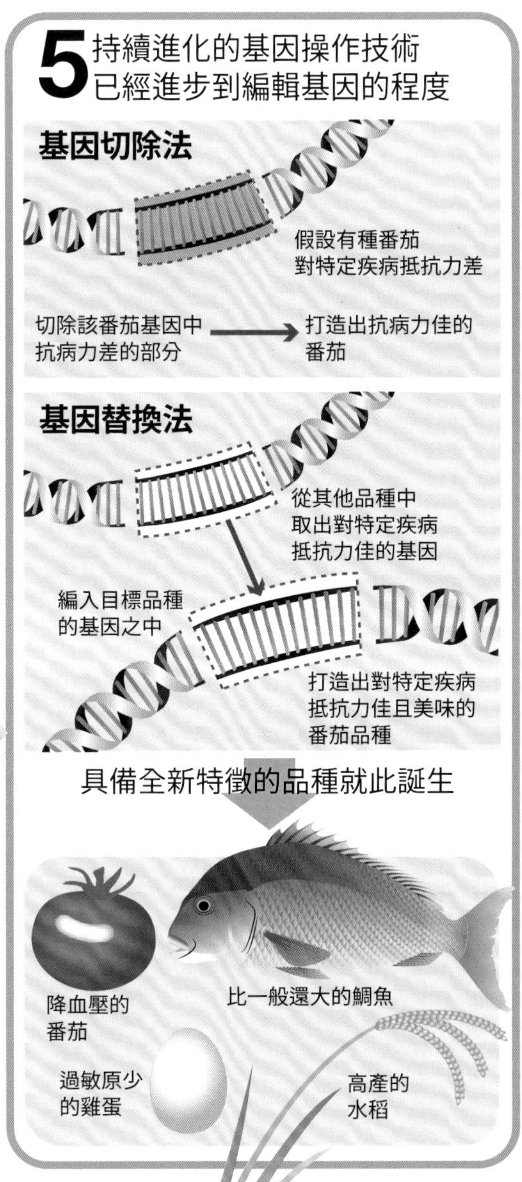

地球生物的基因在很長的時間內都維持著生物多樣性，人類卻在極短的時間之內改變了這一點。其中潛藏著什麼樣的危險還未可知

PART 3 人類與生物的關係史 ⑪

史無前例的寵物熱潮背後，有遺棄貓狗與走私稀有種

對大量貓狗做出安樂死的處分

受到新冠肺炎疫情的影響，現在正掀起一股全球性的寵物熱潮。據說有飼養貓或狗等某些寵物的人們，占了世界人口的一半。另一方面，遭遺棄而被保護設施收容、安樂死的動物也不在少數。各國的自治團體與動物保護團體持續致力於保護與轉讓，在他們的努力之下過去數十年的安樂死數量已大幅減少，但是距離安樂死清零還有很長的路要走。

日本成了瀕危物種的走私大國

此外，近年來有愈來愈多人飼養所謂

全球貓狗寵物大國的前幾名國家

來源：Global State of Pet Care Stats, Facts and Trends, Health for Animals

(單位100萬)

國家	狗	貓
美國	85	65
中國	74	67
巴西	54	24

第4名以下只標示出狗與貓中數量較多的數字

國家	數量
墨西哥	23
俄羅斯	22.7
德國	15.7
英國	13
印度	10
日本	9.6
泰國	8.9
義大利	7.3

正持續擴大的全球寵物產業

2020年 2億6100萬美元
2027年(預估) 3億5000萬美元

品項	非犬貓寵物
稀有的野生物種	
價格	未定
原產國	亞馬遜
購買國	日本

日本的非犬貓寵物熱潮引發來自世界各地的批評聲浪

世界自然保護基金會（WWF）首度公布了調查實際情況的結果

TRAFFIC
2020年6月
CROSSING THE RED LINE
日本のエキゾチックペット取引

不應該飼養非犬貓寵物的5個原因

- 引發傳染病的風險
- 虐待動物的風險
- 淪為瀕危物種的風險
- 增加走私活動的風險
- 潛藏外來種的危險

「非犬貓寵物」的稀有動物，比如國外產的爬蟲類、貓頭鷹、水獺與刺蝟等，從而招致新的問題。這些動物原本是野生動物，在不具備專業知識與適當飼育設備的情況下飼養，導致寵物因壓力、疾病而喪命，或是逃脫、遭遺棄等等，對地區的生態系統造成不良影響，這樣的案例不在少數。

問題最大的便是瀕危物種的走私，其交易在《華盛頓公約》（p67）中是受到管制的。然而日本已經成為世界屈指可數的走私目的地——日本海關的查緝率低，也沒有具遏止效力的法律規範。因為刑罰很輕也無法阻止再犯，只要能通過海關帶入日本國內，就有可能合法進行販售。之所以無法中止這樣的惡性循環，無非是因為很多人想隨意擁有稀有寵物。

自人類誕生以來，生物就一直受到人類活動的擺布。現在是時候重新探究我們與生物的相處之道了。

美國是世界上寵物最多的大國

美國另一項世界第一的紀錄則是

過去曾是寵物安樂死數量世界第一的國家

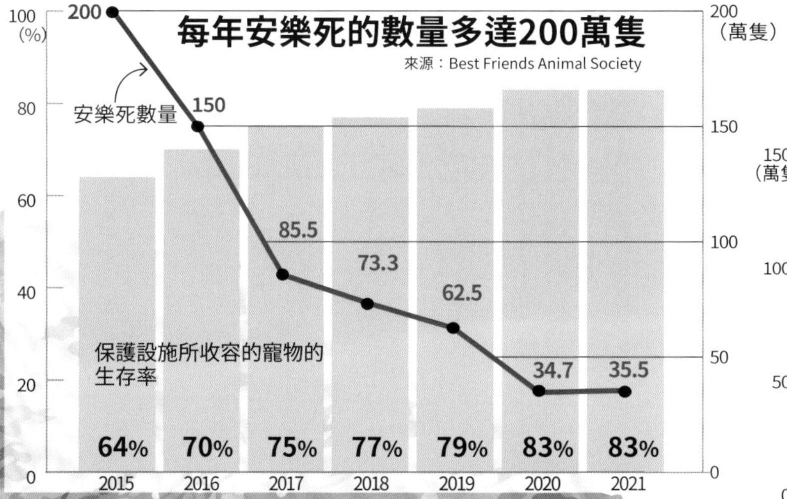

每年安樂死的數量多達200萬隻

來源：Best Friends Animal Society

年	安樂死數量（萬隻）	保護設施所收容的寵物的生存率
2015	200	64%
2016	150	70%
2017	85.5	75%
2018	73.3	77%
2019	62.5	79%
2020	34.7	83%
2021	35.5	83%

但是如今仍有35萬隻寵物遭殺害

日本也有同樣趨勢

安樂死的數量正在減少，但是不會顯示在統計數據中的虐待、棄養、飼養多隻卻無法承擔等問題也很嚴峻

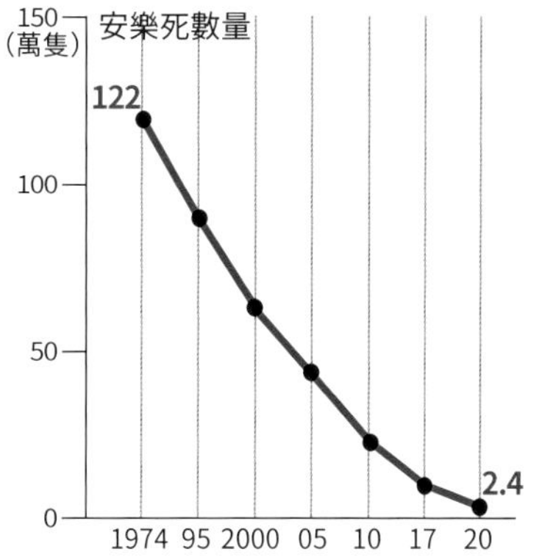

安樂死數量（萬隻）

1974：122
20：2.4

1974 95 2000 05 10 17 20

來源：日本環境省

以日本年輕世代為中心，掀起了非犬貓寵物熱潮
33%有興趣
17%想飼養看看

→ 日本已經成為世界非犬貓寵物非法交易的目的地

日本從2005年至2020年期間，估計已進口129,809隻兩棲類。資料顯示，29%的進口個體是野生動物

→ 由於日本的海關查緝不力，處於放任走私不管的狀態。每年查緝不到10隻。即便被查緝也是輕罪

只要躲過海關查緝，就有可能在日本國內市場上合法販售。發揮著走私洗錢的作用

必須讓年輕世代正確了解，把稀有兩棲類當寵物所帶來的問題

→ 日本迫切需要加強與非犬貓寵物交易相關的法律規範

→ 最好不要飼養非犬貓寵物

《生物多樣性公約》是因應世界須致力解決的課題而生

全球已有196國與地區批准

野生生物滅絕等問題日益嚴峻的1970年代，守護水鳥的《拉姆薩爾公約》與取締野生生物國際貿易的《華盛頓公約》皆相繼生效。然而，光靠這些仍然不夠完善，所以

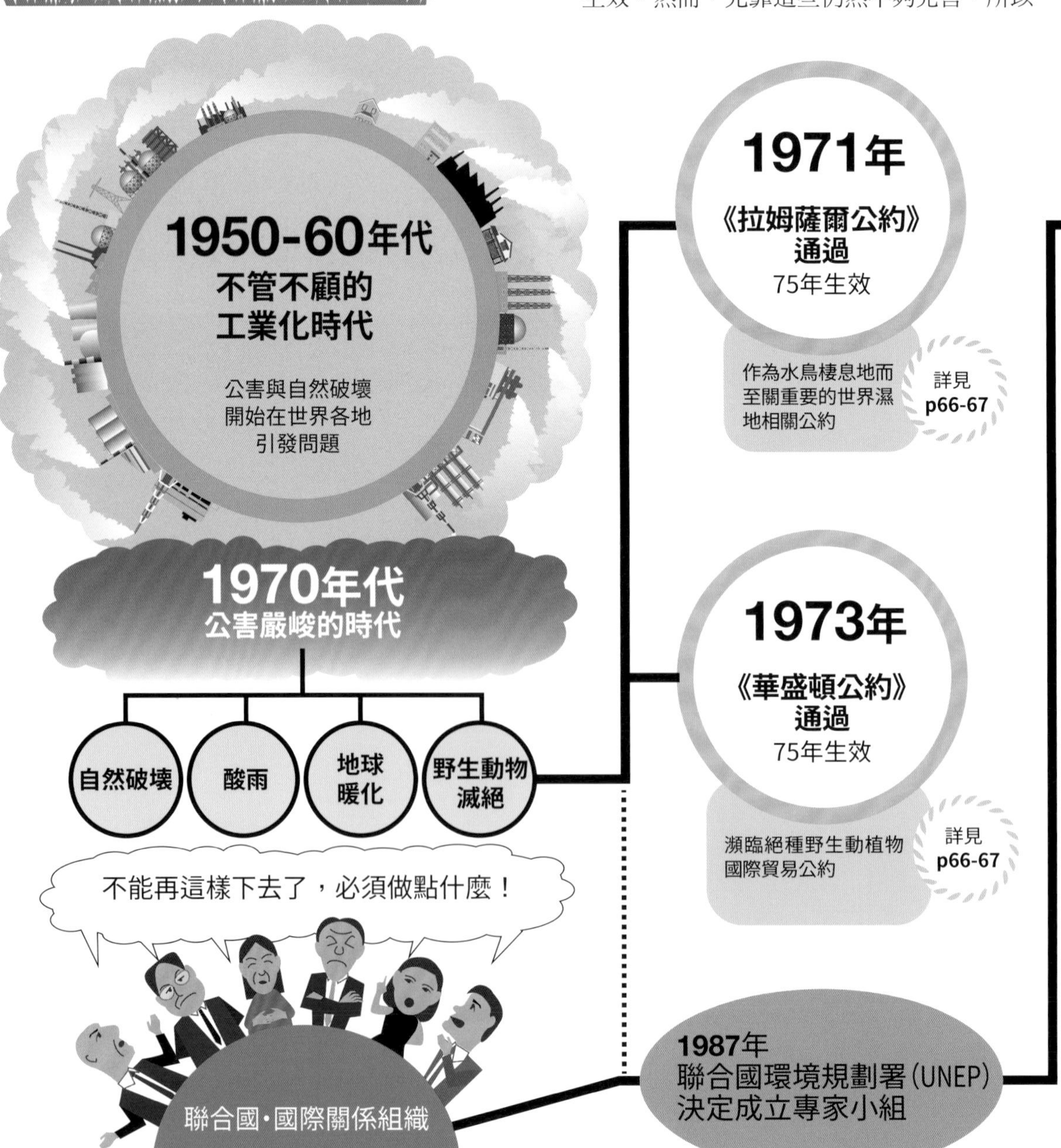

開始有人指出必須以全球規模來保護生物多樣性。為此，1992年於巴西的里約熱內盧召開了聯合國環境與發展會議（地球高峰會）。這次與《聯合國氣候變遷綱要公約》同時通過的便是《生物多樣性公約》。

這部公約的目的有3，即①**保護生物多樣性**、②**可永續利用生物多樣性的構成要素**、③**公平且平均分配因利用遺傳資源而產生的利益**，針對各個締約國提出了具體對策的方針。

自1994年以來，召開了締約國大會（COP），在2010年於日本愛知縣名古屋市舉辦的COP10中，揭示了由20個項目組成的「愛知目標」。其中幾項已經有了進展，但尚未達成所有的目標。此外，美國並未加入這部由196個國家與地區所批准的公約，也被視為一大問題。

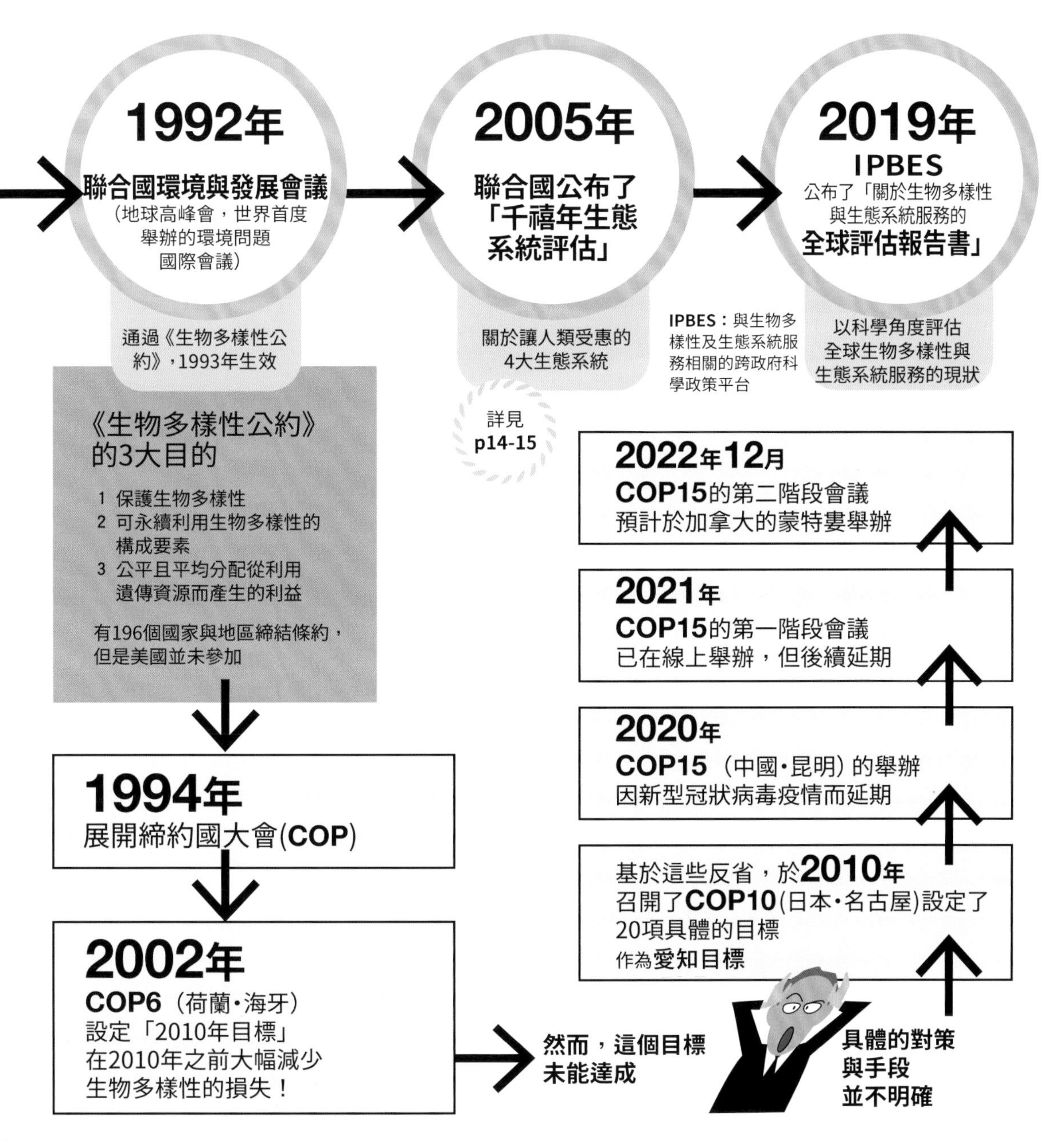

拉姆薩爾與華盛頓公約為致力於守護野生生物的先驅

50年前簽署的2部國際公約

本節試著穿插日本的對策與問題點來探究在《生物多樣性公約》之前生效的2部公約。

●《拉姆薩爾公約》

1971年於伊朗的拉姆薩爾通過了這部公約，目的在於保護濕地，因為其有淨化與調整水之作用且為水鳥等無數生物的棲息地。締約國至少會指定1塊國內的濕地註冊為「拉姆薩爾登錄濕地」，力圖加以保護。

日本於1980年首度註冊了國內最大的濕原「釧路濕原」，迄今已註冊了53處。守護濕地的同時，作為觀光資源與環境教育

《拉姆薩爾公約》

1971年，以國際自然保護聯盟（IUCN）作為事務處，於伊朗的拉姆薩爾締結的水鳥與濕地相關國際公約。締約國必須註冊自己國家的濕地，並為保育而努力。目前有172個國家加入，已註冊了2,455個濕地

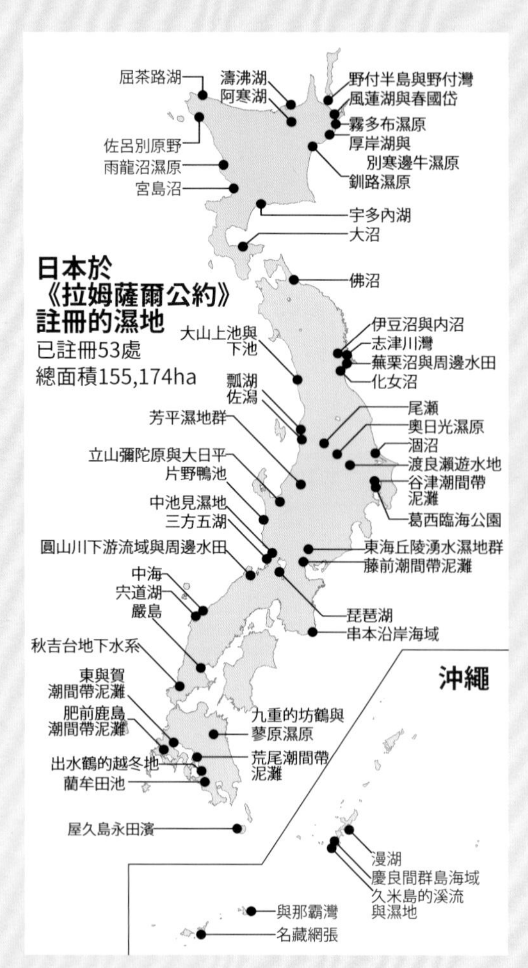

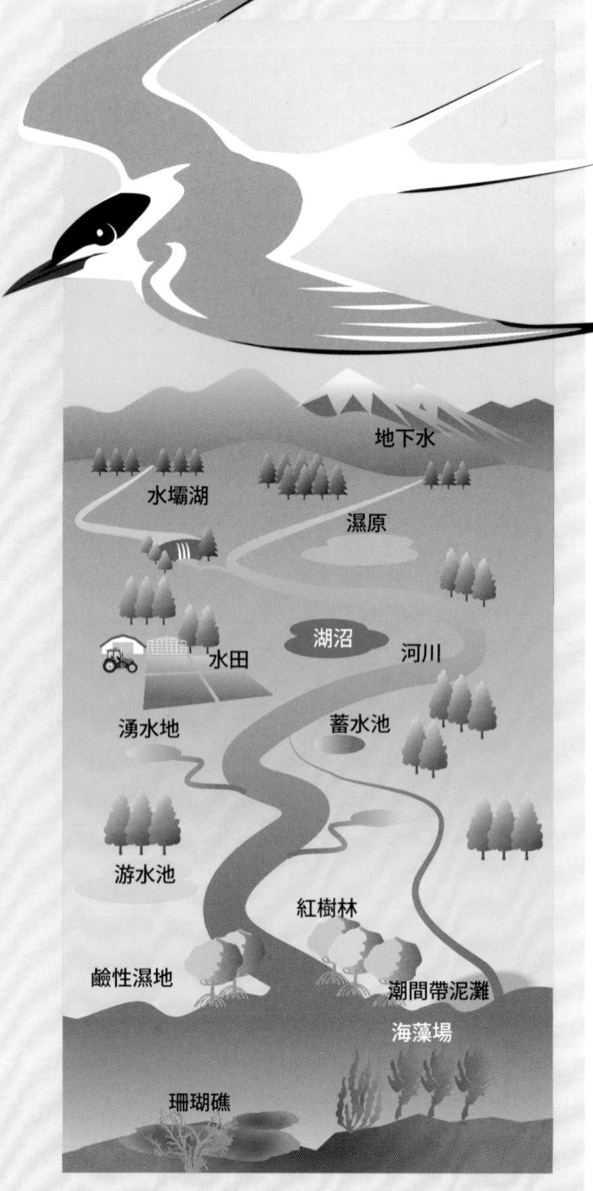

之處也發揮了效益。此外，大多數的水鳥都是候鳥，所以國際上的協助也是必不可少的。為此，日本與美國、俄羅斯、澳洲及中國，簽訂了與候鳥相關的保護條約或保護協定，致力於物種的保存。

●《華盛頓公約》

1973年於美國的華盛頓通過了這部公約，以便管制瀕危物種的國際貿易。為了防止人類盜獵或濫捕，利用條約將稀有物種指定為管制對象，不僅限於活的生物，連加工品在內的進出口都會加以取締。

日本國內各地的海關都會針對動植物的攜入進行取締，不過正如p62～63所描述的，稀有動物的走私仍然相當猖獗。日本是透過1993年實施的「物種保存法」（p70～71）來保護在《華盛頓公約》中被指定為禁止國際貿易的物種，不過目前迫切需要制定一套法律來管制其餘物種在日本國內的交易。

《華盛頓公約》

1972年於斯德哥爾摩舉辦了「聯合國人類環境會議」，會上提出了一部力圖保護瀕危野生動植物的公約，並於1973年美國的華盛頓締結了「瀕臨絕種野生動植物國際貿易公約」

受《華盛頓公約》所管制的3種生物分類（以1最為嚴格）

1
瀕臨絕種的物種
唯有學術研究才能進出口

紅毛猩猩、懶猴屬、大猩猩、亞洲龍魚、大熊貓、雲木香、馬來長吻鱷、海龜、印度星龜、小爪水獺等

2
若不管制
則有可能滅絕的物種
商業用途必須出示出口許可證

熊、鷹、鸚鵡、獅子、象魚、珊瑚、仙人掌、蘭科、大戟科等

3
締約國列入保護
而需要他國協助的物種
商業用途必須出示出口許可證

海象（加拿大）、大鱷龜（美國）、黃鼬（印度）、珊瑚（中國）等

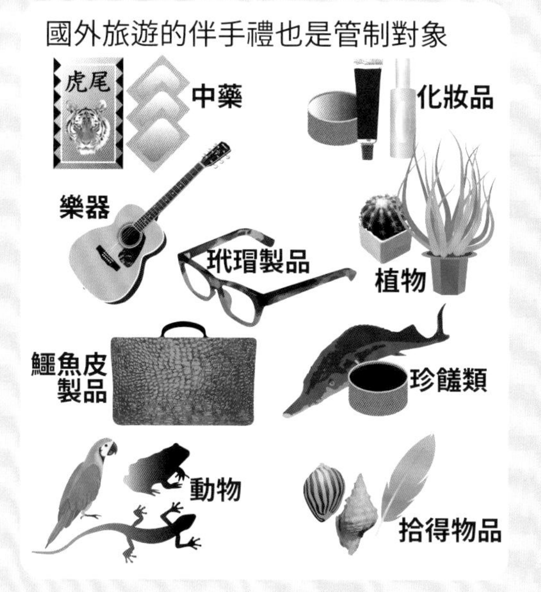

PART 4

為了守護生物多樣性 ③

守護海洋與陸地生物的永續發展目標：SDGs

圖片素材來源：聯合國教科文組織

為了永續發展必須保護環境

聯合國的193個會員國於2015年通過了「2030年永續發展議程」，提出了17項「永續發展目標（SDGs）」與169個具體目標，志在2030年前達成。

SDGs的前身原本為「千禧年發展目標

以永續發展爲目標，保育並以永續的形式來利用海洋與海洋資源

目標14的具體目標

14－1

於2025年前預防並且大幅減少所有類型的**海洋汙染**，包括**海洋垃圾**與**優養化**在內，尤其是因陸地人類的活動所造成的汙染等。

14－2

於2020年前提升海洋恢復力等，進行永續管理與保護，以免對海洋或沿岸的生態系統產生重大的不良影響。此外，為了實現健全且富生產力的海洋，應採取對策以**恢復海洋與沿岸的生態系統**。

14－3

促進各層級的科學合作等，確保將**海洋酸化**的影響降至最低限度。

14－4

於2020年前**有效規範漁獲量**，終結濫捕、非法漁業與破壞性漁業等，並實施科學管理計畫，以求依據各物種的特性，盡快將魚貝類等水產資源恢復到至少可持續捕撈而不會減少該物種數量的程度。

14－5

遵循國內法規與國際法，並根據可取得的最佳科學資訊，於2020年前世界各地至少**保育10%的沿岸地區及海域**。

14－6

針對開發中國家與低度開發國家提供適當、有效且有別於已開發國家的特殊待遇，是世界貿易組織（WTO）在漁業補助金的談判中不可或缺的要素，有鑑於此，應於2020年前**禁止漁業補助金，因其會助長過剩的漁獲能力與濫捕**，廢除會涉及非法漁業等等的補貼，並且避免重新導入同性質的補助金。

14－7

於2030年前永續管理漁業、水產養殖與觀光等，以確保*小島嶼開發中國家與低度開發國家可**永續利用海洋資源**，藉此獲得更多經濟利益。

14－a

將聯合國教科文組織政府、海洋學委員會與海洋技術轉移相關的基準及指南都考慮在內，加強科學知識、精進研究能力並進行海洋技術的移轉，以求改善海洋的健全性，並確保海洋生物的多樣性可在開發中國家（尤其是*小島嶼開發中國家與低度開發國家）中，對該國的發展發揮更大的貢獻。

14－b

確保小規模漁業業者亦可利用海洋資源與市場。

14－c

落實為了保育並永續利用海洋與海洋資源所制定的法律綱要《聯合國海洋法公約》，藉此加強海洋與海洋資源的保育與永續利用。

註

＊小島嶼開發中國家：國土由小型島嶼所構成的開發中國家

＊低度開發國家：在開發中國家中發展特別慢的國家

（MDGs）」，奠基於2000年的聯合國千禧年宣言。MDGs主要聚焦於開發中國家的發展問題，而不太關注生物或生態系統的保護。然而，為追求永續發展，必須關心環境——人們後來普遍有了這樣的認知，並大幅修正了發展目標。

SDGs中的目標14「海洋生態」與目標15「陸域生態」皆以環境問題為題，並設定了如下所示的具體目標。這之中也含括本書中以圖片解說過的海洋酸化、包含塑膠在內的海洋垃圾問題、優養化、恢復森林與濕地、保護瀕危物種、遺傳資源的利益分配、防止保護生物的非法交易、避免外來種入侵等等。

此外，地球暖化也會對生物多樣性造成莫大影響，所以目標13「氣候變遷」也是必須同步努力的目標。

推動陸域生態系統的保護、恢復與永續利用，確保森林的永續管理與沙漠化的因應之策，防止土地劣化並且加以復原，阻止生物多樣性消失

目標 15 的具體目標

15－1

遵循國際協議，於2020年前守護並恢復**森林、濕地、山地與乾燥地區等陸域生態系統、陸域淡水生態系統**以及其帶來的自然恩澤，以此確保能夠永續利用。

15－2

於2020年前促進各種**森林的永續管理**、阻止森林減少、恢復劣化的森林，並且大幅地增加全球的植樹造林。

15－3

於2030年前，推動沙漠化的因應之策，並**恢復**受到沙漠化、乾旱或洪水影響而**劣化的土地與土壤**，努力避免世界上的土地持續劣化。

15－4

為了加強對永續發展不可或缺的山區生態系統之能力，於2030年前確實**推動山區生態系統的保育，讓多樣的生物得以生存**。

15－5

緊急採取有效的對策，以求抑制自然棲息地的劣化、遏止生物多樣性的喪失，並於2020年前**保護瀕危物種**以防止滅絕。

15－6

根據國際上的協議，確保公平公正地分配從利用遺傳資源所產生的利益，並推動**遺傳資源的妥善運用**。

15－7

為了**終結盜獵或非法交易**已列為保護對象的動植物物種，不僅應採取緊急對策，還必須解決非法野生生物製品的供需問題。

15－8

於2020年前採取對策，**防止外來種的入侵**，同時大幅降低外來種對陸地與海洋生態系統所造成的影響，優先度特別高的物種應加以管制或驅除。

15－9

於2020年前將**生態系統與生物多樣性的價值**，納入國家與地方的計畫籌備、開發流程、脫貧對策及預算的規劃之中。

15－a

從各種管道調度更多資金，以便保育並永續利用生物多樣性與生態系統。

15－b

為了推動包括森林保育與植樹造林在內的森林永續管理，從各種管道與各種層級調度資金，確保有充裕的資金可用於推動開發中國家的永續森林管理。

15－c

提高地方社區的能力等以確保能持續維持生計，並加強國際上的支援，以確保終結對必須保護的動植物的盜獵與非法交易。

參考：由日本外務省暫譯、日本 Unicef 協會所架設的網站「SDGs CLUB」＊依英文字母排序的細項目標皆標示了實踐方式

PART 4 為了守護生物多樣性 ④

為了守護瀕臨滅絕的物種，日本開始致力於物種保存

管制稀有物種並保護棲息地

日本於1992年制定了「物種保存法」（正式名稱為「瀕臨絕種野生動植物物種保存相關法律」），並於翌年實施。

根據日本環境省的數據，日本有3,772種瀕臨絕種的物種，且根據「物種保存法」將其中427種指定為「國內稀有野生動植物物種」（2022年1月當時）。

在日本所謂的國內稀有野生動植物物種，是指受到人類影響而存續危殆的物種，已禁止捕捉、採集、轉讓與進出口等。與此同時，還持續推動保護這些動植物棲息地的活動，比如將其棲息地列為保護區、消除威

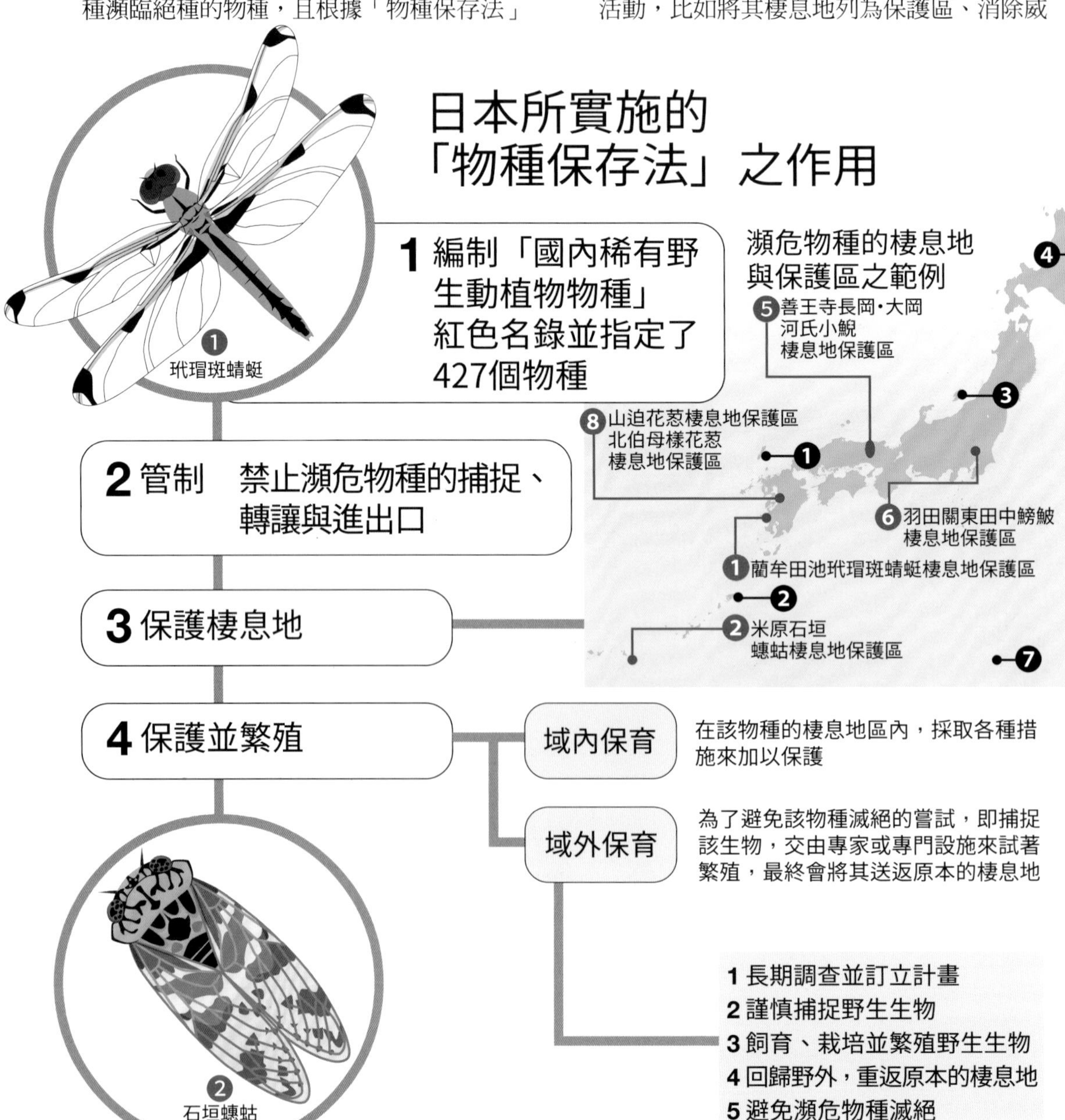

脅其生存的因素等。

透過域外保育來增加個體數

最為理想的方式，是讓稀有動植物在其原本的生長地區逐漸繁殖。然而，改善其生長地區的環境需要時間，所以也採取了所謂的「域外保育」之法，即將其安置於生長地區之外的安全場所來加以保護，在人類的管理下繁殖。

域外保育會由專家根據科學數據與長期計劃來進行。動物園、植物園或水族館等設施在這種時候，會發揮至關重要的作用。到目前為止，已經在動物園等地飼育並成功繁殖了朱鷺、東方白鸛、岩雷鳥與對馬山貓等稀有動物。

域外保育的最終目標還是在於讓生物野放。目前已有部分朱鷺或東方白鸛返回其棲息地，也仍持續採取措施以便在自然環境中增加其個體數。

來源：日本環境省

「動物福利」的思維認為應賦予動物5項自由

為家畜提供無壓力的環境

在1960年代的英國，開始有人批判把家畜當作工業製品來對待的做法。由此衍生出「動物福利（Animal Welfare）」的概念。這種思維認為，動物是具備感受性的生命而非「物品」，所以終其一生都必須留意牠們的身心狀態。

1979年，英國政府所設立的家畜福利委員會，認為應賦予動物自由而提倡如下所示的「5項自由」。這種主張傳遍世界，如今成了人類對待所有動物——不僅限於家畜，還包括寵物與實驗動物等，所應採取的對策方針。

畜牧業為了牟利而把動物視為工業製品來對待

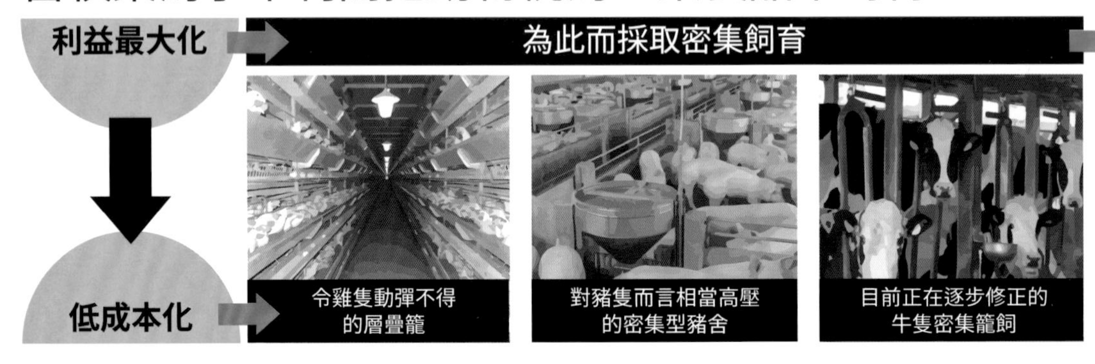

動物福利的5項自由

首度提出動物福利思維的名著

《動物機器》
（露絲·哈里遜著，1979年，
講談社出版）

這本書控訴在英國等處率先採用的家畜工業型密集飼育有多麼殘忍，激起了巨大迴響，並成為後來的動物福利的思想指南

這本書出版後，專門委員會公布了調查報告書，指出密集式畜牧對動物的虐待。這份報告引發全歐洲對家畜待遇的關心，促進後來保護協議的簽訂

根據飼育方式挑選畜產食品

近代的密集式畜牧是在1個地方集中飼育大量家畜，所以會對動物造成巨大的痛苦與壓力。因此，必須飼養在盡可能接近自然或至少可以躺下並來回活動的狀態下。

比方說，歐盟（EU）等部分國家已經禁止把生蛋母雞，飼養在無法動彈的狹窄飼育籠中。另有一些國家則是禁止販售籠飼雞隻所生的蛋，或是規定人們有義務在雞蛋上標示飼育方式。

相對於此，籠飼在日本占了92%，而且尚無改善的跡象。若要改變現況，身為消費者的我們也有必要改變觀念，根據雞隻的飼育方式而非蛋價來挑選雞蛋。

為此而進行的品種改良

透過品種改良使雞蛋產量增加為4倍。加快成長速度，雞肉的出貨期縮短為4分之1

為此而大量使用藥物

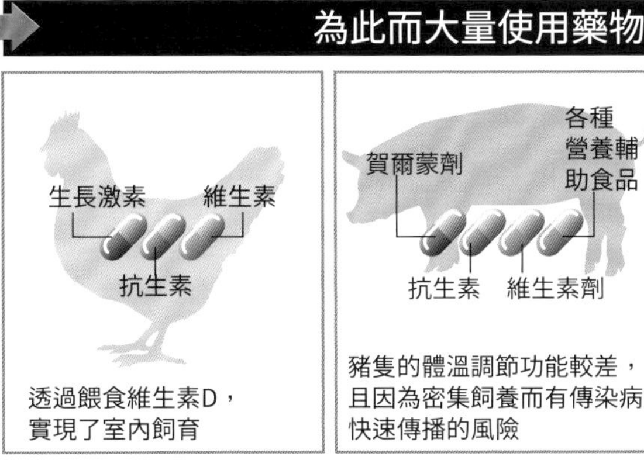

透過餵食維生素D，實現了室內飼育

豬隻的體溫調節功能較差，且因為密集飼養而有傳染病快速傳播的風險

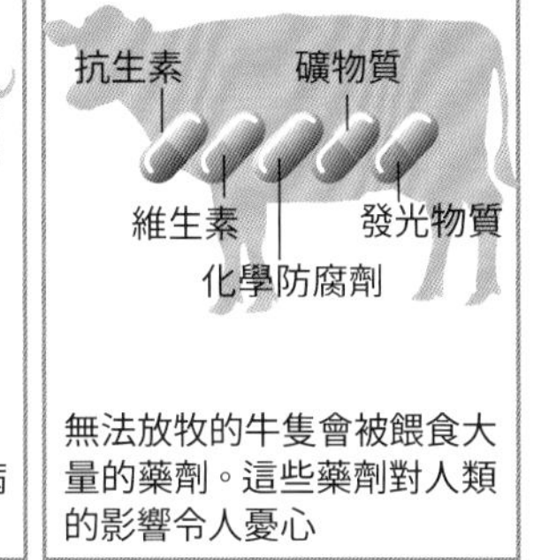

無法放牧的牛隻會被餵食大量的藥劑。這些藥劑對人類的影響令人憂心

1 免受飢餓與乾渴的自由
2 免受身心不適的自由
3 免受痛苦、傷病的自由
4 免受恐懼或壓抑的自由
5 表現正常行為的自由

豬隻是敏感的動物。無壓力的放牧養豬在英國相當盛行

牛隻應該採用只吃牧草長大而非餵食混合飼料的Grass-Fed（牧草飼育）較為理想

PART 4

為了守護生物多樣性 ⑥

里山再生需要的是恢復地產地銷的經濟圈

日本提倡的自然共生社會

「次要自然地區」就如同日本的里山一般，是人類在經營農業等過程中，投注漫長時間逐漸形成的，世界各地都能見到這樣的地方，但卻也和日本一樣日漸減少。因此，日本的環境省與聯合國大學永續發展高等研究所共同提倡「里山倡議（SATOYAMA Initiative）」，呼籲以「實現自然共生社會」為目標，如同昔日日本的里山般，以永續的形式重建世界各地的次要自然地區，讓人類與自然得以共存。然而，也有人指出由國家主導的里山再生有其極限。

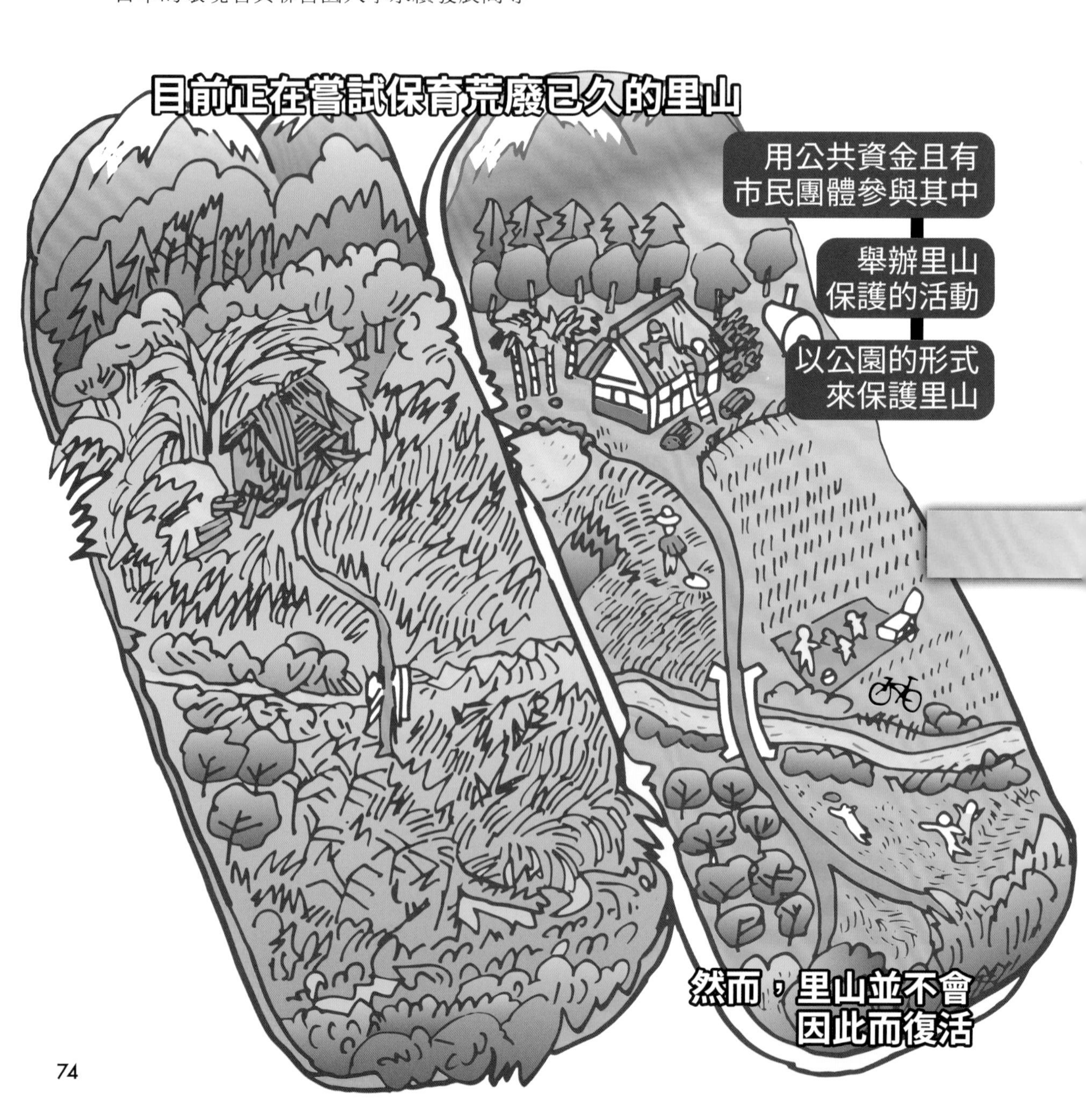

與人共生才能實現里山再生

日本從1980年代起便從民間展開里山保育運動，到了2000年代後，連行政單位也開始積極著手里山的保育。然而，這些大部分都僅止於，由各自治體以自然公園的形式來保護荒廢的里山，或募集市民義工來整頓里山等活動。

里山和原生的大自然有所不同，並不是單純保護就好。里山的生態系統是透過人類持續維護而得以維持，所以比較理想的做法是讓人們居住其中，利用自然的恩惠過著地產地銷的生活。話雖如此，要過回與往昔無異的生活是不切實際的。

近年來，也有愈來愈多人希望在鄉村生活、移居郊區，或是利用里山的資源展開新的工作。引進這種回歸田園的動能，呼籲人們重返里山並建立起小型經濟圈，這應該是比較理想的做法。

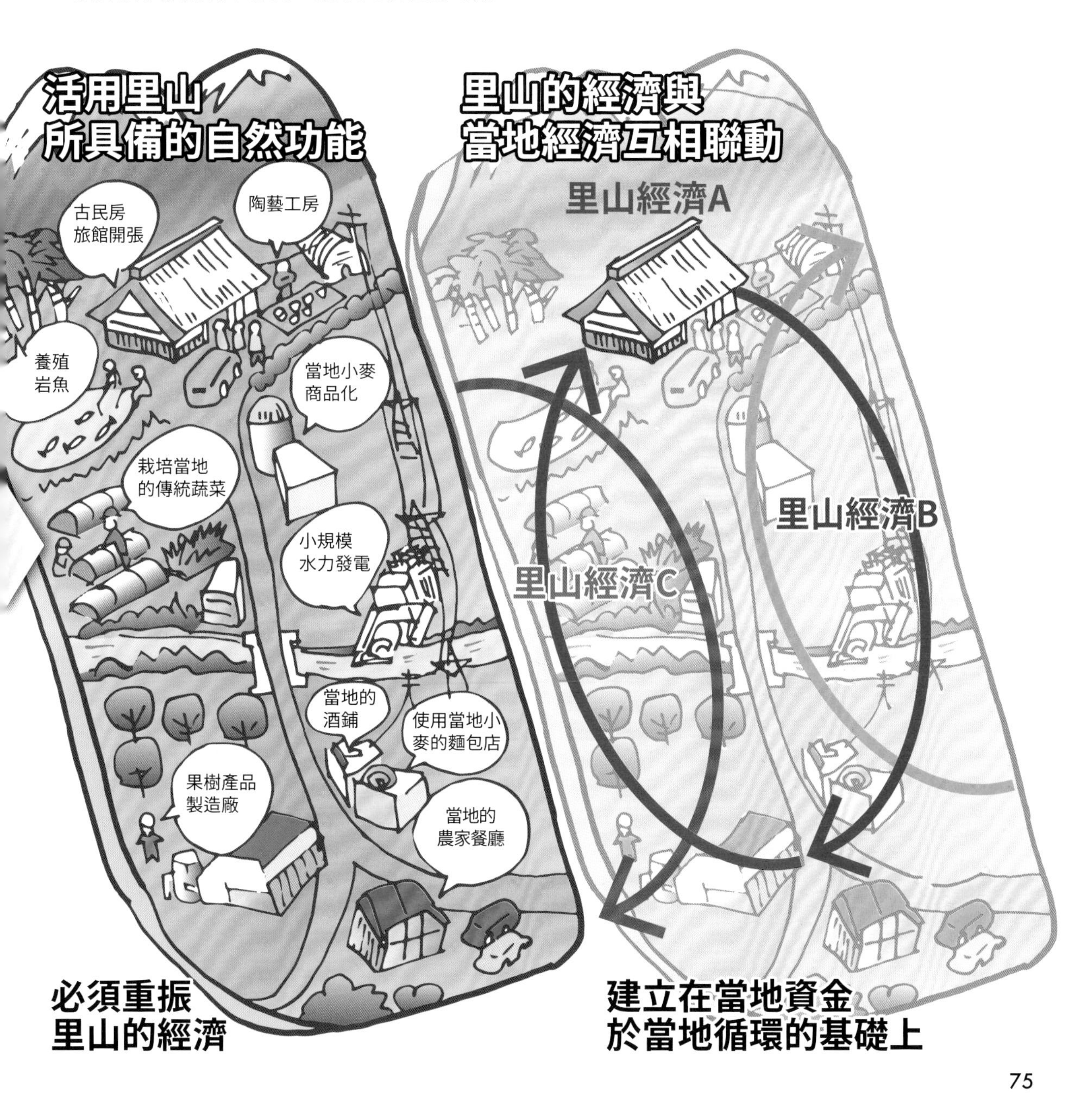

PART 4
為了守護生物多樣性 ⑦

可恢復生物多樣性的環境再生型農業備受全球關注

透過免耕農業來恢復地力

近代農業都是大量投入化學肥料或農藥，如工業製品般生產農作物，對生物或生態系統造成莫大負擔，最終導致世界各地的農地土壤劣化而有大片的農地荒廢。

「環境再生型農業（Regenerative）」目前備受矚目。這種農耕法是活用生態系統原本所具備的功能，花費長時間漸漸改善土壤。類似於不使用化學肥料或農藥的有機農業，不過環境再生型農業的目標在於，盡可能在自然環境中增加土壤中的微生物，打造出良好的土壤。

其中一種具體的農耕法便是不耕犁田

地的「免耕農業」。人們有很長的期間都認為田地必須耕犁，不過後來漸漸明白，只要一耕地，在土中分解有機物而有助於植物生長的微生物就會流失，導致土壤荒蕪。有鑒於此，在土壤日益劣化的美國，已有約4分之1的農地採用了免耕農業。

此外，一般會在收成後便清除作物的殘渣，在下次耕作前讓地面保持裸露；但是環境再生型農業則是鼓勵利用覆蓋作物來覆蓋地面，或是週期性栽種不同作物的輪作。這是因為維持在經常有某些植物生長的狀態下，既可預防風雨導致土壤流失，還可恢復植物或微生物的多樣性。

相較於傳統的農業，結合這些農耕法的環境再生型農業，還有將碳固定於土中而減少空氣中的二氧化碳（CO_2）之效，因此被視為氣候變遷對策而備受期待。

為了森林復育的全球對策，在2030年前栽種1兆棵樹

全球推動的植樹造林活動

森林是各種生物的棲息地，同時也是造成地球暖化的二氧化碳（CO_2）的主要吸收源。因此，各國為了阻止森林被更加破壞，開始保護現有的森林，並推動植樹造林等復育森林的措施。

2015年，瑞士的生態學家克勞瑟教授透過衛星影像等分析，估算出地球上仍有很充足的空間可供植樹造林，只要栽種1.2兆棵樹，便可吸收10年份人類所排出的CO_2。受到這個估算的影響，聯合國將正在執行的植樹造林目標從10億棵改為1兆棵，發起志在2030年前栽植1兆棵樹的「1兆棵

栽種1.2兆棵樹就能吸收2050億噸的二氧化碳，即可緩解全球暖化

One Trillion Trees Initiative

「1兆棵樹計劃」是聯合國環境規劃署（UNEP）與聯合國糧食及農業組織（FAO）所提倡的地球森林復育計畫

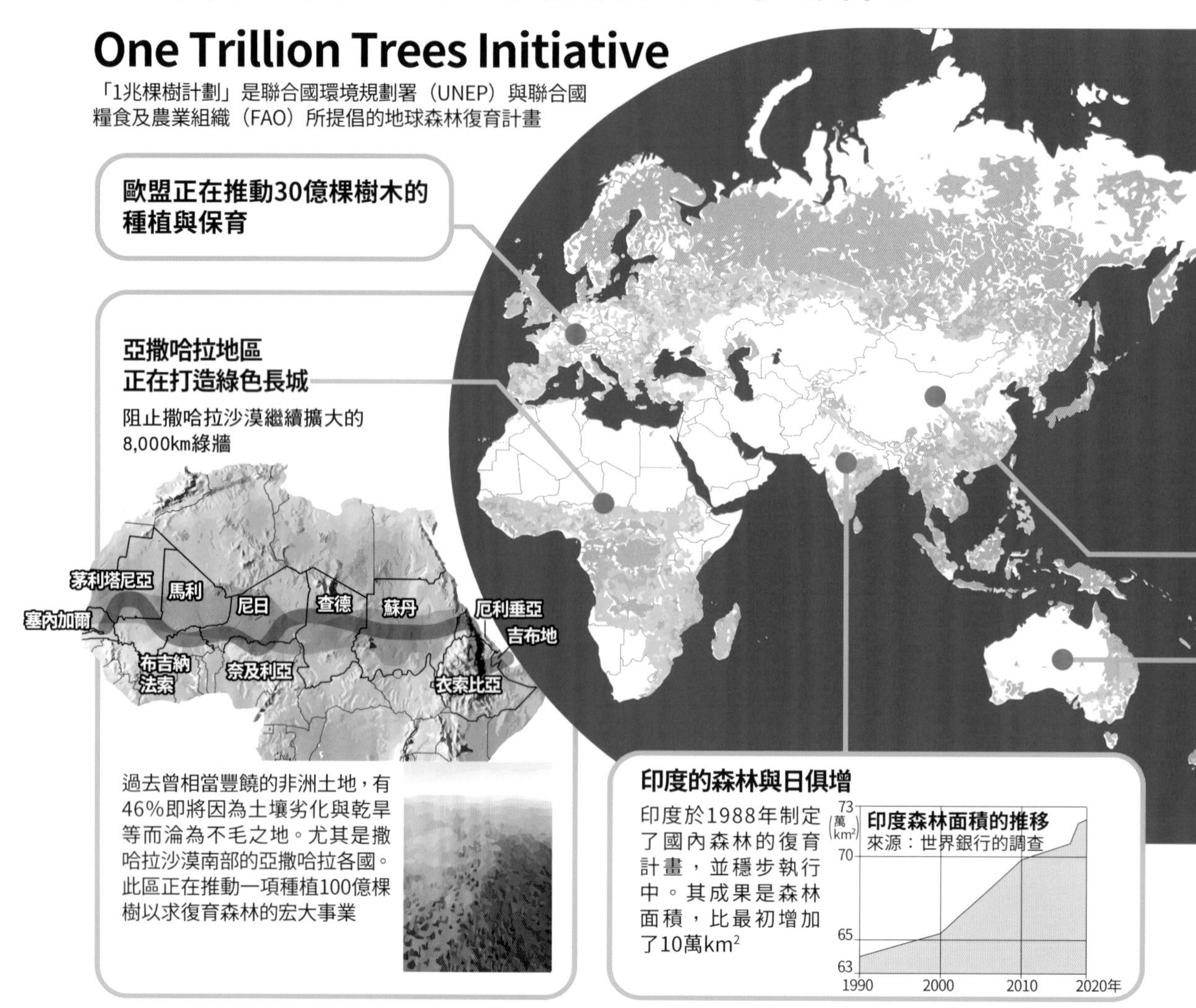

樹計劃」，並呼籲世界各國的政府、企業與團體等來參加。

中國在過去10年間已經復育超過7,000萬公頃的森林，並宣布將於2030年前種植並保護700億棵樹；印度則公開承諾將於2030年前讓3分之1的國土轉化為森林；此外，亞撒哈拉地區正在推動一項由全長約8,000㎞的林區相連而成的大型專案「綠色長城（Great Green Wall）」。更有甚者，森林火災頻仍的美國與澳洲也透過植樹造林活動展開森林復育；就連推出特有森林戰略的歐盟（EU）也計畫於2030年前種植30億棵樹。

然而，並非單純種植樹木即可，還必須考慮到生態系統，在適當的地方種植適當的樹木，並徹底做好種植後的管理與保護。

其科學根據是AI推導出來的

蘇黎世聯邦理工學院教授 托馬斯·克勞瑟
研究土壤的生物多樣性與
全球規模的植物生態學

克勞瑟與他的研究團隊，統整了世界各地多達120萬個區域的森林數據與衛星照片，估算出全球的樹木總數。其結果發現，地球的生態系統是由3兆棵樹木所構成，且有些地區還能種植新的樹木。這些地區可以栽種1兆2,000億棵樹。該研究分析，要是能實現這種植樹造林，便可抵銷10年份人類每年排放的CO_2。受到這份研究結果的影響，聯合國啟動了「1兆棵樹計劃」，目前已經成功種植了150億棵樹

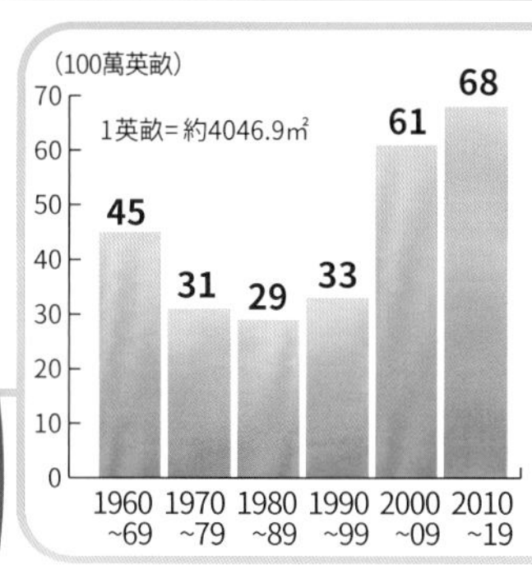

美國近10年內因森林大火而燒毀了6800萬英畝的森林

為了保護美國的森林並復育遭焚毀的森林，目前已發起了跨黨派的運動。亞馬遜公司（Amazon）、美國銀行與微軟等企業也很積極參與這項運動

中國透過官民合作模式落實大規模的植樹造林

中國在近10年內復育了7,000萬公頃的森林，且正在推動於2030年前種植700億棵樹的計畫。這項行動計畫是以第14次「5年規劃」為基礎，同時揭示了於2025年達到森林覆蓋率24%、森林蓄積量達190億立方公尺的目標。右邊的衛星照片是從NASA的觀測數據中，將相對綠地化的地方加以視覺化。中國與印度的綠色較深，可以看出正在持續推動綠化

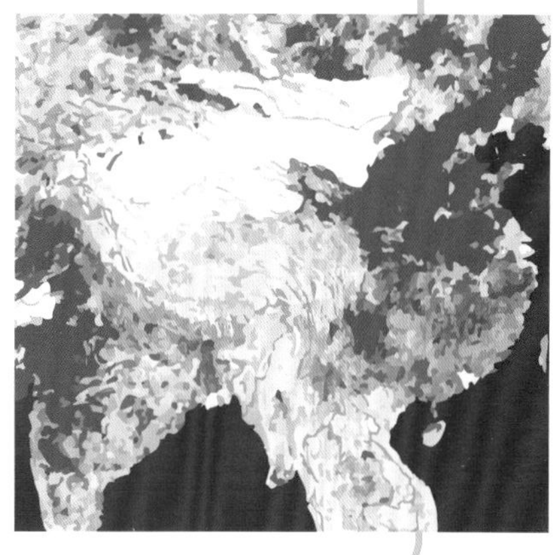

無尾熊的森林可以恢復嗎？

近年來，無尾熊所棲息的尤加利森林，因為接二連三的森林火災而付之一炬。世界自然基金會（WWF）澳洲分會正在規劃種植20億棵樹

守護會吸收並儲存海中CO_2的藍碳生態系統

增加海草或海藻的培育區

海洋酸化對海洋的生態系統造成了影響，如p30～31所示，是人類所釋放出的二氧化碳（CO_2）大量溶入海中所致。CO_2等溫室氣體也是造成氣候變遷的原因，所以世界揭示了遠大的目標：「於2050年前達到排放量淨零」。

這裡所說的「淨零」，是指減少CO_2等的排放量並增加吸收量，使其相抵後為零。減少排放量取決於我們人類的努力，而肩負起吸收作用的主要則是自然界。

說到CO_2的主要吸收源，便是上一節所提到的森林。在陸地森林等所吸收並儲存的

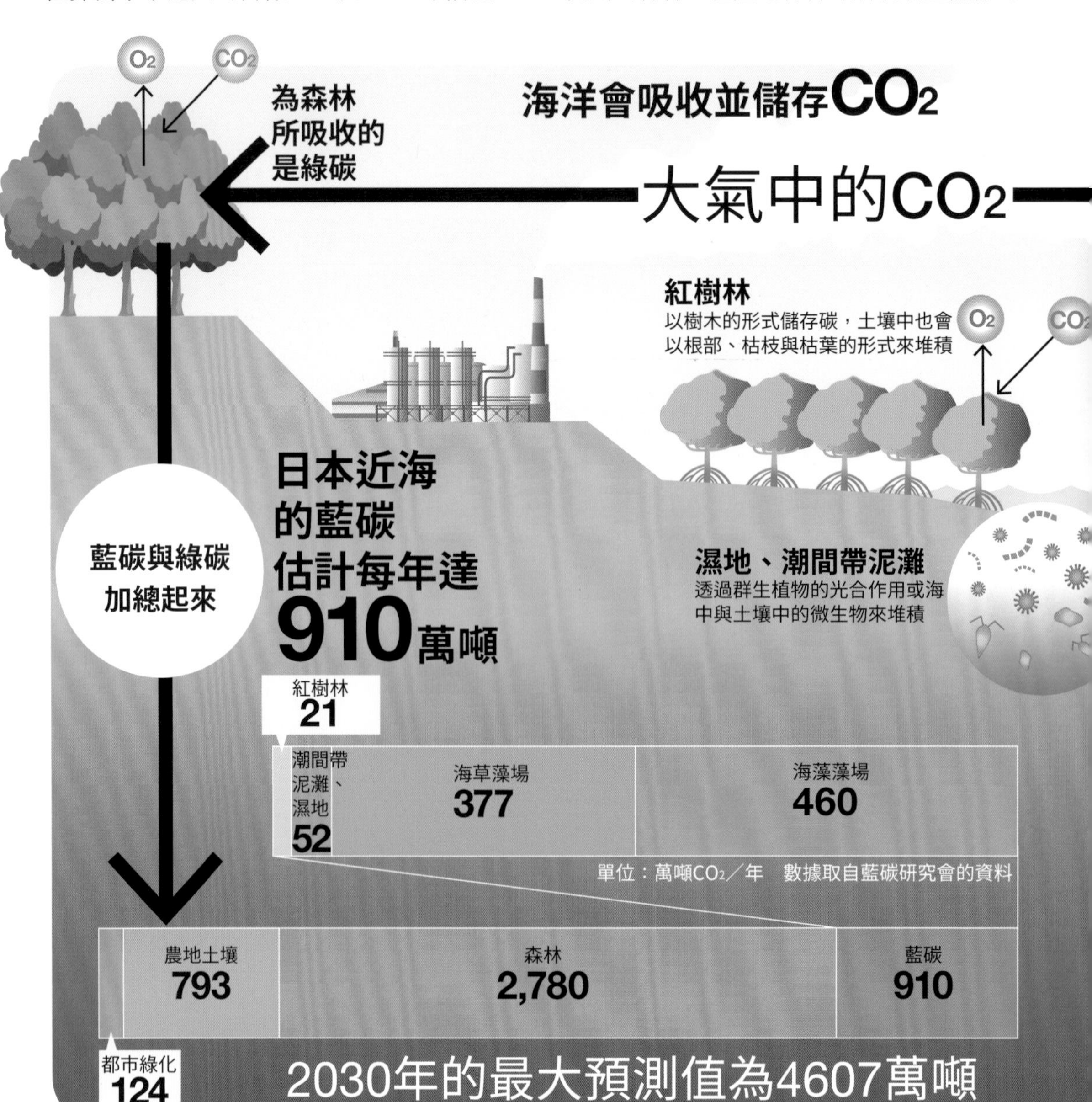

碳即稱為「綠碳」；相對於此，聯合國環境規劃署（UNEP）將透過海洋生物所吸收並儲存的碳取名為「藍碳」，並於2009年發表了報告書。從此之後，藍碳便開始備受世界關注。

在海洋中，浮游植物與海洋植物會像森林一樣，為了進行光合作用而持續吸收CO_2。此外，枯萎的植物或魚隻等的殘骸沉入海底後，不會被分解，而是以碳的形式儲存數千年。

海草或海藻的群落、紅樹林、濕地與潮間帶泥灘等處的CO_2吸收與儲存量特別多。然而，全球各地的這些生態系統都在減少。日本有海草或海藻生長的藻區也持續減少，因此各地都致力於栽種大葉藻或昆布等等。藻區也是海洋生物產卵與生長的地方，從生物保護的觀點來看，非常期待這些努力的成果。

藍碳的機制

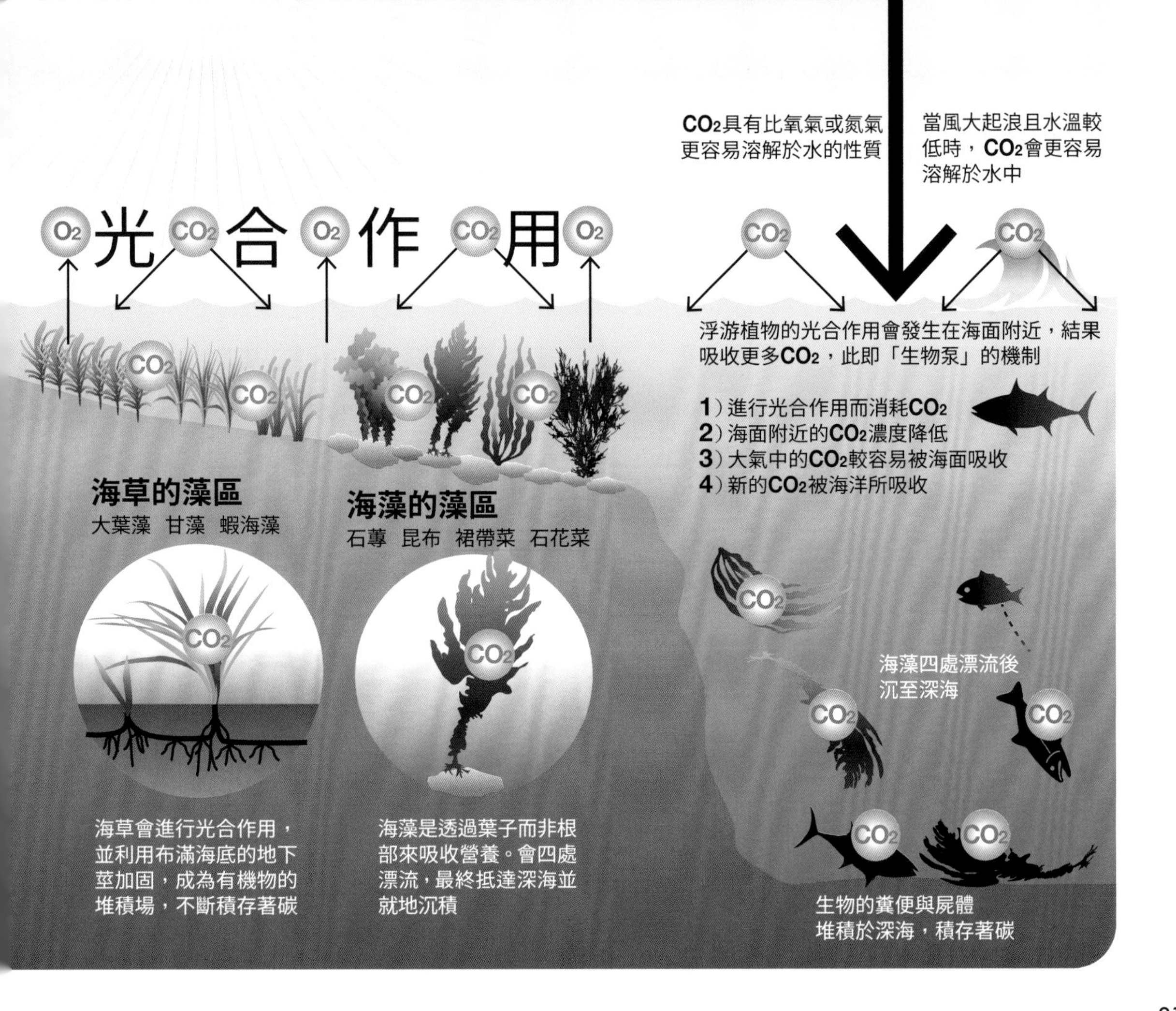

PART 4
為了守護生物多樣性
⑩

生態足跡會顯示人類對地球所造成的負擔

人類活動已超出地球極限

目前已經釐清，地球暖化與生物多樣性的喪失是人類所引起的。然而，我們很難準確掌握地球現階段所處的狀態究竟有多麼嚴重。

為此，有人構思出所謂的「生態足跡（以下簡稱為足跡）」，作為顯示人類活動對地球造成多大負擔的一項指標。人類砍伐森林樹木或捕捉海洋魚類後，需要多少生態系統的服務，才能再次產生被消耗掉的資源，並淨化人類所排出的CO_2等廢棄物呢？這項指標將上述這些換算成面積來表示，也可以說這是人類所踐踏的生態系統面積。

2 在1970年左右，兩者的生產與消費是平衡的。然而……

3 地球呀，加油、再拼一點!!

4 然而，這麼亂來是無以為繼的

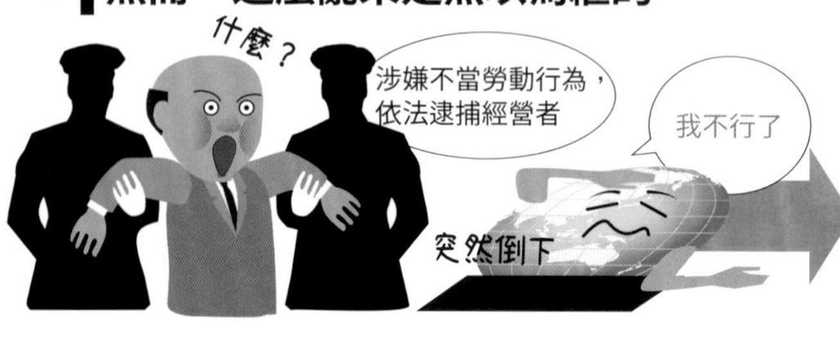

何謂生物承載力(BC)？
地球能夠生產與吸收的生態系統服務供應量
關於生態系統服務請見 p14-15

何謂生態足跡(EF)？
是衡量的指標，以地球的面積來顯示生態系統服務需要多少分量才能回收人類所消耗的資源（以全球性公頃・gha來標記）

5 地球生態系統非法過度勞動事件法庭

被告的罪行是將1.75人份的工作量強加於地球君1人

6 這些便是被告強迫全世界過勞的事實

相對於此，地球所提供的再生產與淨化等生態系統服務的極限量，則被稱為「生物承載力（Biocapacity）」。

在1970年左右，生物承載力與足跡是平衡的。然而，如今足跡已超出承載力，據計算，需要1.75個地球才能支持人類的活動。這樣的狀況無異於花光收入，然後借錢來奢侈度日。

在已開發國家中，日本的人均足跡特別高，高達生物承載力的7.8倍。這意謂著必須有7.8個日本，否則無法滿足日本國內的需求。

如此所示，足跡成了某種基準，有助於了解我們已經消耗地球到了什麼樣的程度。要讓全球足跡恢復到1個地球的範圍，我們每個人都必須改變生活以避免超出地球的處理能力。

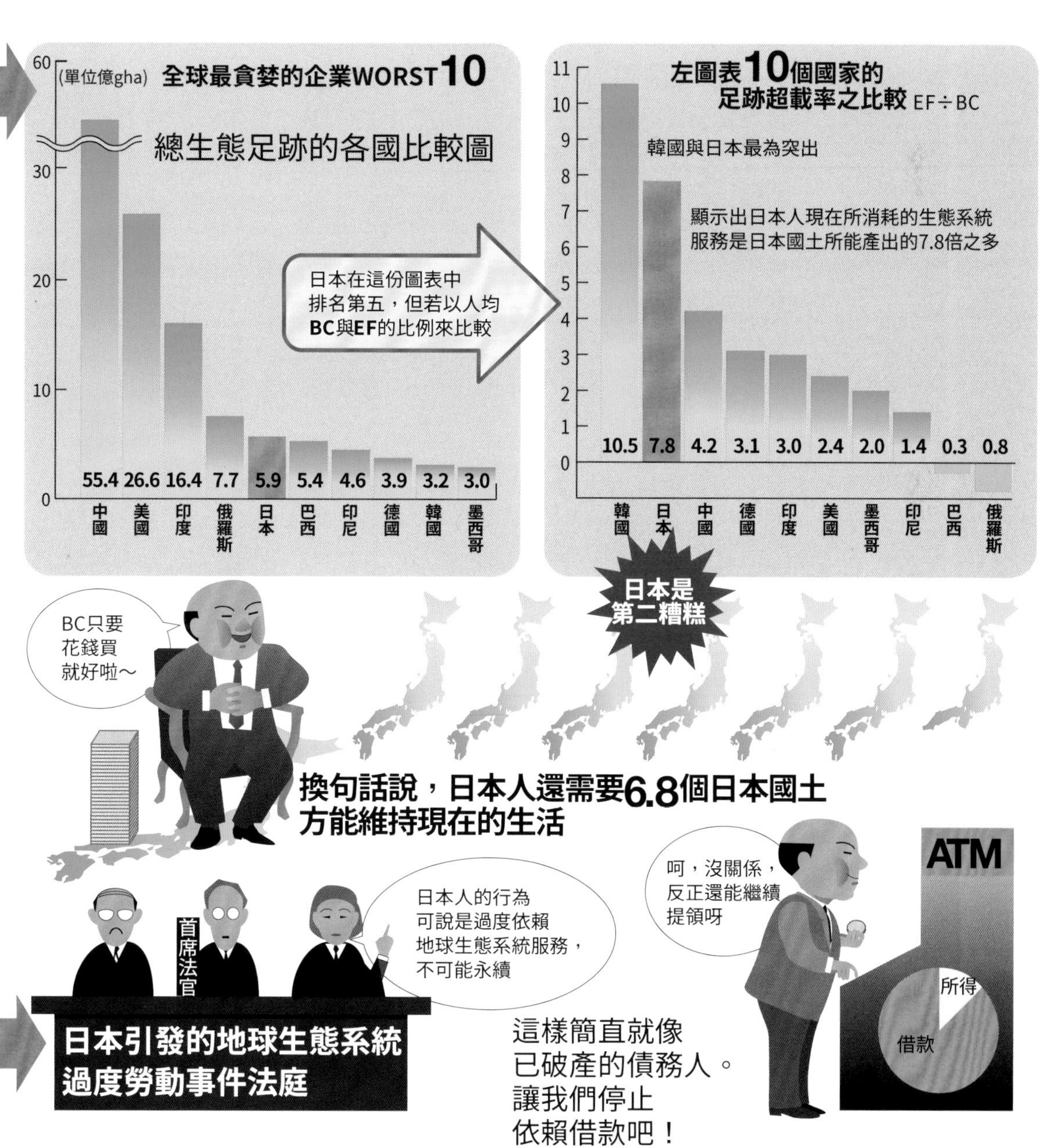

歐盟透過守護生物多樣性的2大策略來引領全球

長期的生物保護措施

歐洲諸國早在歐盟（EU）開始運作之前，就一直致力守護生物多樣性。保護野鳥的《鳥類保護指令》與維持生物多樣性的《棲息地保護指令》分別於1979年與1992年生效。根據這些指令，確立了連結歐盟內自然保護區的網絡「Natura 2000」，開始投入稀有野生生物的保護。

在2019年還公布了《歐洲綠色政綱》（European green deal），這是一項志在兼顧氣候變遷對策與經濟成長的政策。歐盟認為，地球暖化所造成的氣候變遷並非獨立的問題，而是應該與生態系統保護一併解決

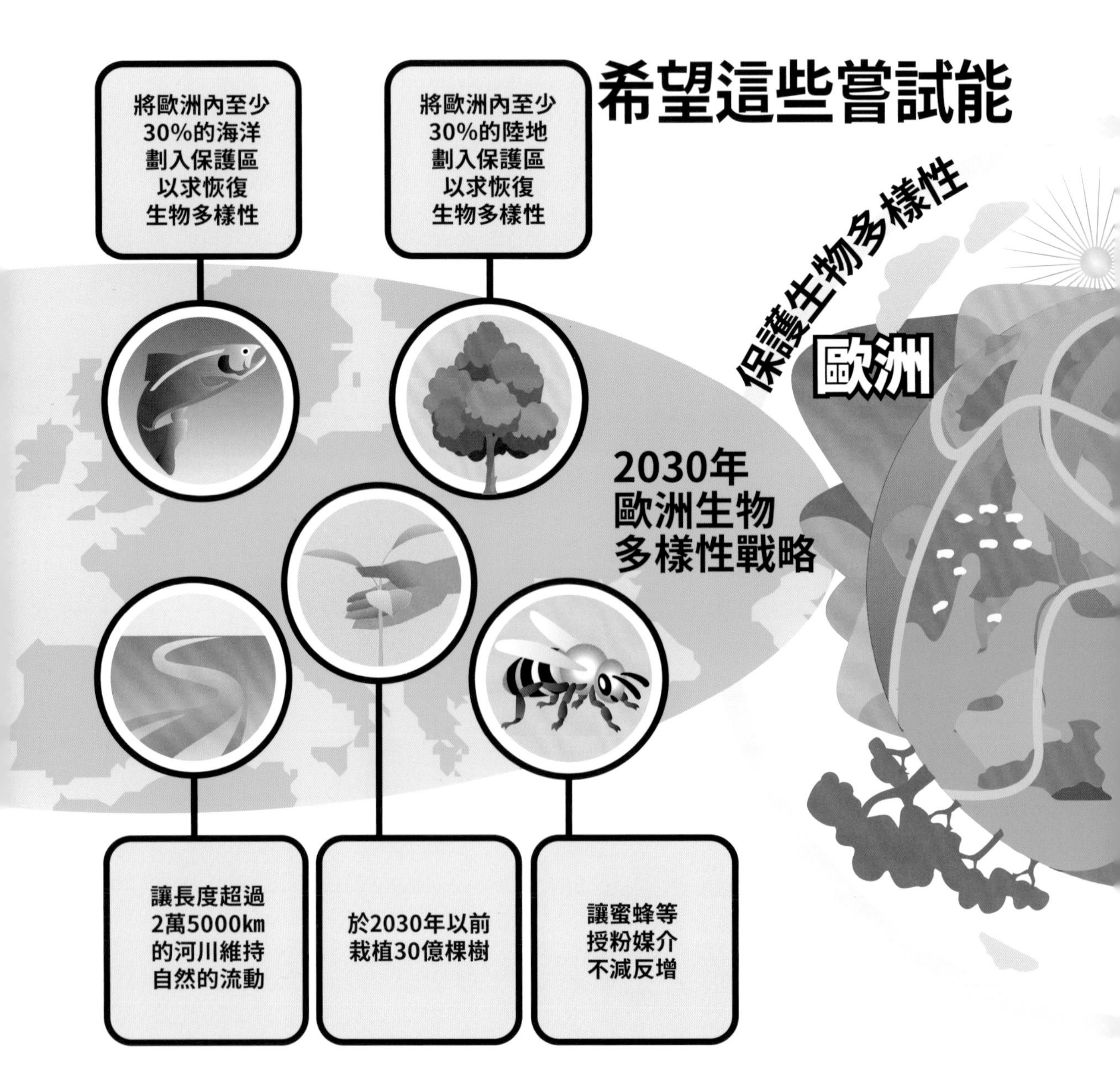

的問題，並於2020年5月將其納入歐盟政策的一環，發布了與生態系統保護相關的2項策略。

志在保育生態系統與改善農業

其中之一便是「2030年生物多樣性策略」。以加強自然保護與復育已劣化的自然為2大主軸，提出在2030年前將歐盟內至少各30%的陸地與海洋劃為保護區等具體的目標。

另外還有「農場至餐桌策略（Farm to fork strategy）」，則是從生產到消費重新建構一套可永續經營的食品系統，特別提倡去推動考量到生態系統與動物福利的農業。具體而言，已各自提出充滿雄心壯志的數字：將25%的農地轉為有機農業、讓農藥的使用與風險下降50%，以及化學肥料的使用減少20%等。這些都展示出歐盟有強烈的決心擺脫對生態系統造成負擔的傳統農業，備受世界關注。

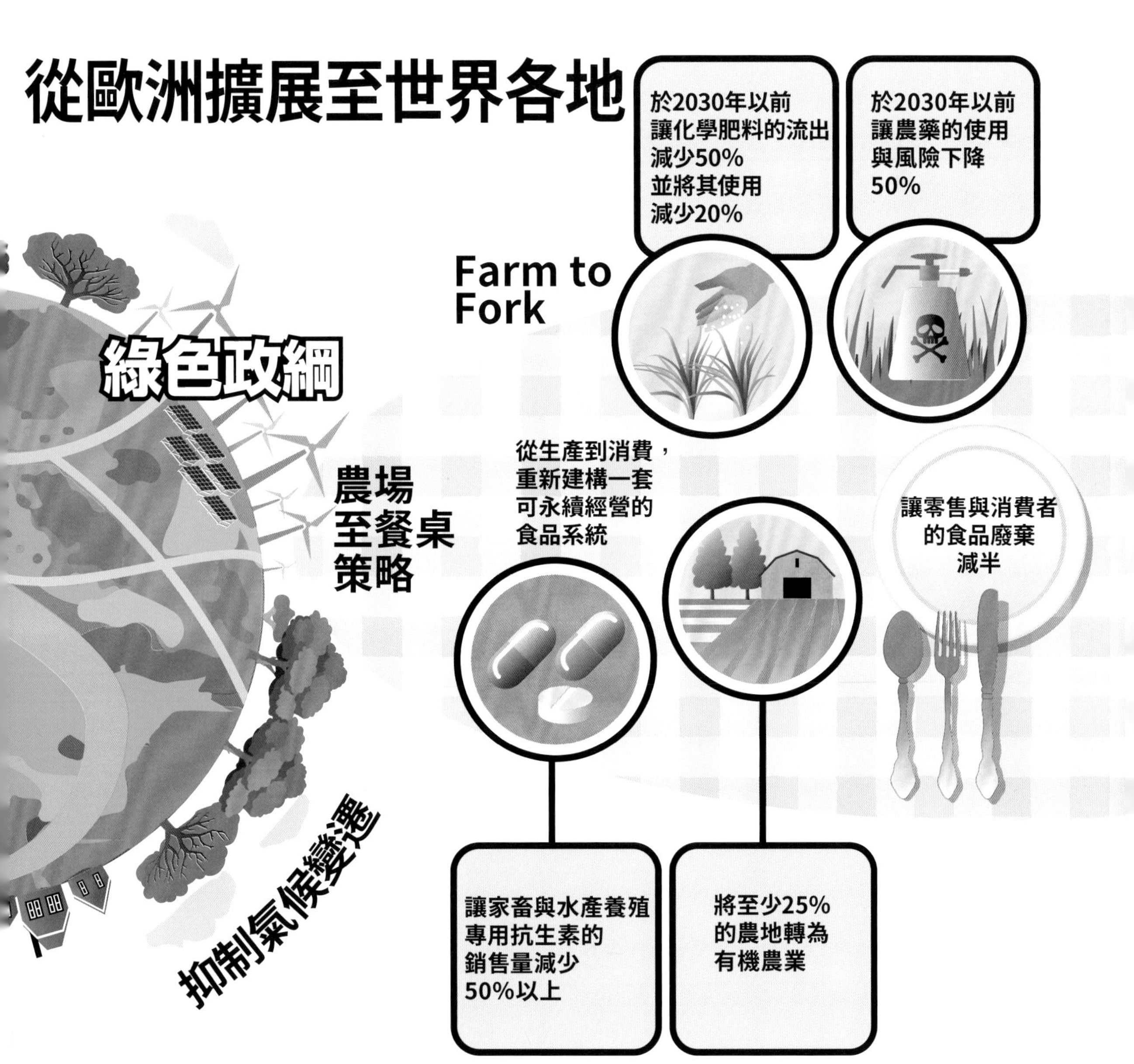

PART 4 為了守護生物多樣性 ⑫

綠色復甦為疫後的復興政策，以兼顧經濟重建與地球環境保護

投資可永續發展的經濟活動

受到歷時已久的新型冠狀病毒肺炎的影響，全球經濟停滯不前。各國都在探索各自的道路以求重建經濟，但另一方面，還有些政策是全世界都在共同努力的，即所謂的「綠色復甦（Green Recovery）」。

新型冠狀病毒引起的全球大流行（Pandemic）始於2020年，全世界的二氧化碳（CO_2）排放量大幅減少。受到封城與自律減少外出的影響，經濟活動停擺，飛機等大眾交通工具的航行也受到限制，因而減少了CO_2排放源化石燃料的使用。這對地球環境而言是好事一樁，但是經濟再這樣停滯

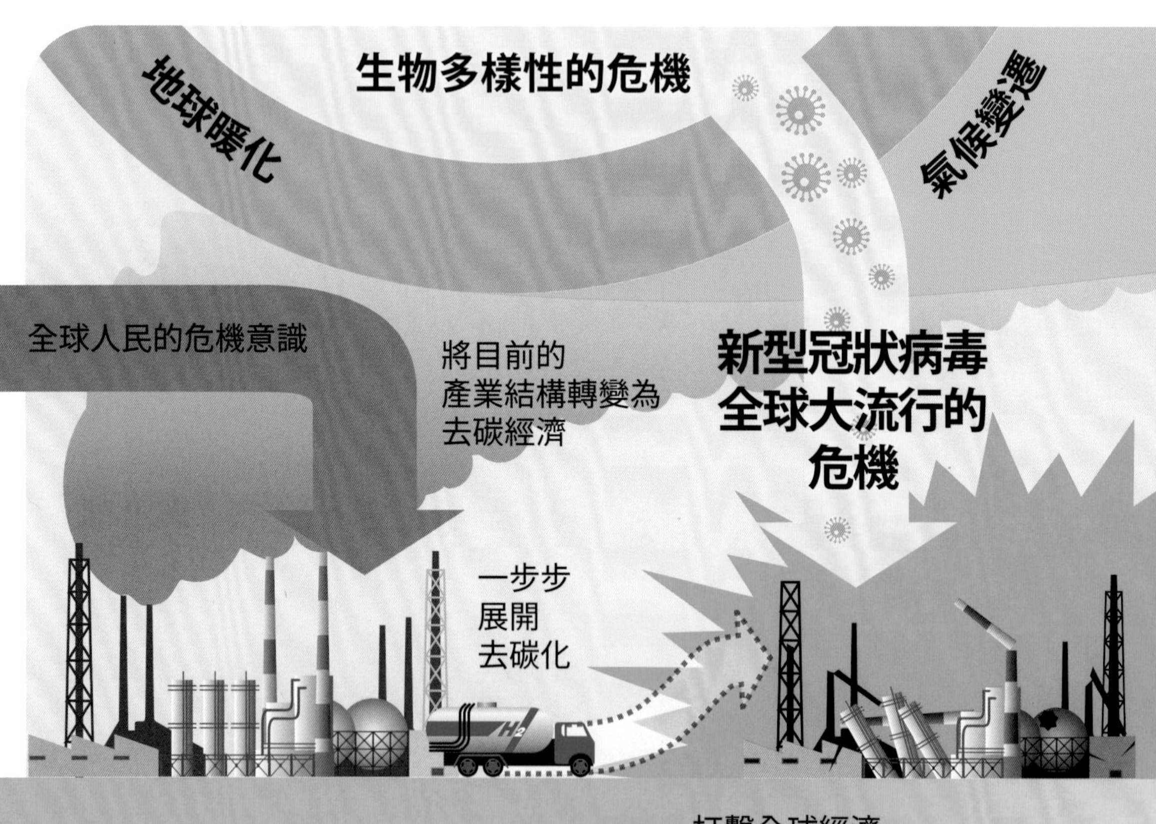

下去，人類的生活將會難以隨心所欲。話雖如此，如果在經濟復甦的過程中，恢復與過往無異的經濟活動，人們再次開始移動，就會再度退回到不斷散發CO_2的社會。因此，綠色復甦索性把這場新冠肺炎疫情視為絕佳機會，大幅轉變產業結構，在守護地球環境的同時，也試圖重振經濟。

其主軸是以不會排放CO_2的去碳化社會為目標，力圖轉換成太陽能發電或風力發電等可再生能源。不僅如此，保育生物多樣性與生態系統、復育森林或海洋等也備受重視。像新型冠狀病毒這類來自動物的傳染病，是人類跨越了與自然界的界線所引起的，所以如果今後仍繼續破壞自然，很有可能再度出現其他傳染病。

世界各國如今將重建資金投注在對解決地球規模的問題有所貢獻的事業，試圖藉此實現永續社會。

PART 4
為了守護生物多樣性

為了守護生物多樣性，我們可以採取的行動

過著愛護自然與生物的生活

少了生物多樣性所帶來的自然恩惠，我們的生活根本無以為繼。為了守護生物多樣性，我們每個人持續累積微小的行動是很重要的。不妨參考下方所示的範例，想想自己能夠做些什麼。

現在立即辦得到的便是對自然或生物深感興趣。不必到遠方的山區或海邊，街道上也有小型的自然區域。讓我們試著觀察庭院或公園裡長了什麼樣的草木、有什麼樣的鳥類或昆蟲，又會隨著季節轉換有什麼樣的變化，切身感受生物的世界吧。

每天的飲食也是思考生物多樣性的機

接觸自然與生物

到戶外去接觸、觀察、學習並保護生物，如果養了寵物，就要終生負責

觀察生物並了解生物多樣性

試著置身於各種生物的世界之中

餐桌的生物多樣性

自己做點農活、地產地銷、選擇有機食材，然後全部吃光

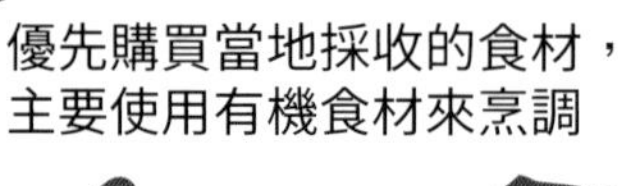

在購物時亦然

從眾多商品中挑選出對生物多樣性有所貢獻的產品來支援製造的企業

過善待地球的生活

利用能源自給自足的住宅過著節能的生活。外出搭大眾交通工具，並支援環境保護運動

會。比方說，如果是同樣的食材，比起進口品，選擇國產品較有助於守護原生物種；如果是不使用農藥或化學肥料的有機食品，則不會對生態系統造成沉重負擔。

除了食物外，挑選標有環保標章等的產品為佳。

另外還有各式各樣的環境保育活動，比如地方社區或自然保護團體等所舉辦的河川或海洋清潔活動、植樹活動、增加海中大葉藻的活動等，都是更實際的做法。參加這類活動也好，捐款給有所共鳴的團體也是不錯的方法。

此外，會對生態系統造成不良影響的 CO_2 是經由發電或燃燒垃圾等所排出的，所以家庭也有必要致力於節電或垃圾減量等。希望大家別忘了，我們這種便利的生活方式，終究還是會對生態系統造成負擔。

結語

守護生物多樣性等同於拯救人類的未來

所謂的「生物多樣性」，的英語是Biodiversity。乍看之下，給人晦澀難解且難以親近的印象，但是這個詞彙的背後，有套包括我們人類在內、由生活在這顆地球上的生物所展開，既親密又精細的共生網絡，以及全球人們希望保護並恢復這套網絡的熱情。這份熱情源自於堅信世界目前已陷入地球暖化引發氣候變遷的危機之中，唯一的避免之道在於恢復並持續維持地球原有的「生物多樣性」。

「生物多樣性」是由歐美的人們率先提倡的，本書認為這有著重大含意。這是因為，這個詞彙的意思與歐美人原本的世界觀有所不同。依《舊約聖經》的〈創世紀〉中所記載，神按照自己的形象創造了人，並如此說道：「你們必須統領所有海裡的魚、空中的鳥與地上爬的生物。」在基督教世界裡，一直以來都深信人類站在地球生物的頂端，有著管理這些生物的權利。

另一方面，對我們這些生活在亞洲、尤其是共享佛教世界觀的人們而言，「生物多樣性」是非常熟悉的概念。這種世界觀認為，萬事萬物皆蘊含無數生命，我們的生命也是其中之一，且眾生平等，概括於更大的生命體之中。

與人類以及其他生物相關的這2種世界觀，如今在「生物多樣性」這個訊息之中逐漸交融。

比方說，假如我們能伸出援手來保護國際自然保護聯盟瀕危物種紅色名錄中的瀕危生物，這些援助將同時拯救人類自身——這正是「生物多樣性」所要告訴我們的。

在政治與經濟的世界中，各國與各企業皆為追求各自的利益與權益而明爭暗鬥。然而，地球所發出的「生物多樣性」訊息，讓這些紛爭變得毫無意義。腳底下的地球已經病了，我們卻在上頭爭鬥不休，沒有比這個更愚蠢的了。

「生物多樣性」乍看之下是很宏大的主題。然而，只要想到我們也是其中的一部分，便可從改變自身開始踏出第一步。

參考文獻

《〈生物多樣性〉入門》（鷲谷いづみ著、岩波書店刊）
《生物多様性　子どもたちにどう伝えるか》（阿部健一編、昭和堂刊）
《生物多様性とは何か》（井田徹治著、岩波書店刊）
《森と文明の物語　環境考古学は語る》（安田喜憲著、筑摩書房刊）
《進化する里山資本主義》（藻谷浩介監修、Japan Times Satoyama推進コンソーシアム編、ジャパンタイムズ出版刊）
《里山いきもの図鑑》（今森光彦著、童心社刊）
《土を育てる　自然をよみがえらせる土壌革命》（ゲイブ・ブラウン著、NHK出版刊）
《コロンブスの不平等交換　作物・奴隷・疫病の世界史》（山本紀夫著、KADOKAWA刊）
《文明を変えた植物たち　コロンブスが遺した種子》（酒井伸雄著、NHK出版刊）
《「木」から辿る人類史　ヒトの進化と繁栄の秘密に迫る》（ローランド・エノス著、NHK出版刊）
《沈黙の春》（レイチェル・カーソン著、新潮社刊）
《バイオパイラシー　グローバル化による生命と文化の略奪》（バンダナ・シバ著、緑風出版刊）
《サピエンス全史　上下》（ユヴァル・ノア・ハラリ著、河出書房新社刊）
《銃・病原菌・鉄　上下》（ジャレド・ダイアモンド著、草思社刊）
《カイエ・ソバージュ　神の発明》（中沢新一著、講談社刊）
《ビジュアル版人類進化大全》（クリス・ストリンガー/ピーター・アンドリュース著、悠書館刊）
《人類大移動》（印東道子編、朝日新聞出版刊）
《縄文生活図鑑》（関根秀樹著、創和出版刊）
《ヒトとイヌがネアンデルタール人を絶滅させた》（パット・シップマン著、原書房刊）
《農耕起源の人類史》（ピーター・ベルウッド著、京都大学学術出版会刊）
《マネーの進化史》（ニーアル・ファーガソン著、早川書房刊）
《図説　大航海時代》（増田義郎著、河出書房新社刊）
《大航海時代》（森村宗冬著、新紀元社刊）
《馬の世界史》（本村凌二著、中央公論新社刊）
《NHKスペシャル　海の異変　しのびよる酸性化の脅威》（NHK放映）

參考網站

環境省「生物多様性」● https://www.biodic.go.jp/biodiversity/index.html
環境省 ● https://www.env.go.jp
The IUCN Red List of Threatened Species ● https://www.iucnredlist.org
国際自然保護連合（IUCN）日本委員会 ● http://www.iucn.jp
CONSERVATION INTERNATIONAL ● https://www.conservation.org/japan/biodiversity-hotspots
ミレニアム生態系評価報告 ● https://www.millenniumassessment.org/en/index.html
WWF ジャパン ● https://www.wwf.or.jp
IPCC ● https://www.ipcc.ch
国連食糧農業機関（FAO）● https://www.fao.org
農林水産省 ● https://www.maff.go.jp
気象庁 ● https://www.jma.go.jp
国土交通省 ● https://www.mlit.go.jp
ScienceNewsExplores ● https://www.snexplores.org
国連環境計画（UNEP）● https://www.unep.org
Our World in Data ● https://ourworldindata.org
チャタムハウス ● https://www.chathamhouse.org
The National Biodiversity Network ● https://nbn.org.uk
ラムサール条約事務局 ● https://www.ramsar.org
外務省 JAPAN SDGs Action Platform ● https://www.mofa.go.jp/mofaj/gaiko/oda/sdgs/index.html
日本ユニセフ協会 SDGs CLUB ● https://www.unicef.or.jp/kodomo/sdgs/
The global movement to restore nature's biodiversity, Thomas Crowther ● https://www.youtube.com/ watch?v=yJX1Te0jey0
1t.org ● https://www.1t.org
HealthforAnimals ● https://www.healthforanimals.org
Best Friends Animal Society ● https://bestfriends.org
EUROPARC FEDERATION ● https://www.europarc.org
European Commission ● https://ec.europa.eu
EU MAG ● https://eumag.jp
ロイター ● https://jp.reuters.com
ETHICAL CHOICE ● https://myethicalchoice.com
NATHIONAL GEOGRAPHIC ● https://natgeo.nikkeibp.co.jp
生活と化学 ● http://sekatsu-kagaku.sub.jp
MIT Technology Review ● https://www.technologyreview.jp
ALIBABA NEWS Japanese ● https://jp.alibabanews.com
ニューズウィーク日本版 ● https://www.newsweekjapan.jp
Sustainable Japan ● https://sustainablejapan.jp
OECD ● https://www.oecd.org
Green Recovery Tracker ● https://www.greenrecoverytracker.org
iap ● https://www.interacademies.org
Circular. ● https://www.circularonline.co.uk

索引

數字、英文

一～五劃

六～十劃

十一～十五劃

十六～二十劃

零廢棄社會：告別用過即丟的生活方式，邁向循環經濟時代

作者：InfoVisual研究所／定價：380元

全球每年會製造出20億噸的一般垃圾，預計到2050年前將達到34億噸。
已開發國家不斷大量廢棄，開發中國家則為處理所苦。
了解垃圾的本質，思索生活的未來，邁向零廢棄的社會！
垃圾問題是龐大產業結構的問題，其核心正是我們日常中的微小慾望。
很遺憾必須這麼說：針對垃圾的探究，
最終也會讓我們看清自身慾望的樣貌。
零垃圾社會的實現，
有賴於我們每一個人意識上的覺醒。

綠色經濟學 碳中和：從減碳技術創新到產業與能源轉型，掌握零碳趨勢下的新商機

作者：前田雄大／定價：380元

去碳永續不只是氣候變遷的對策，更是推動世界經濟的轉捩點！究竟碳中和是什麼？該如何具體實踐？減碳浪潮在為經濟、社會帶來挑戰的同時，背後又隱藏了哪些全新的商機與創新機會呢？
為了阻止全球規模的氣候變遷，各國無不陸續相繼宣布碳中和目標，「碳中和」這個關鍵詞是指透過節能減排、能源替代、產業調整等方式，讓排出的二氧化碳被回收，實現正負相抵，最終達到「零排放」。

牽動全球的水資源與環境問題：建立永續循環的水文化，解決刻不容緩的缺水、淹水與汙染問題

作者：InfoVisual 研究所／定價：380元

地球耗費40億年所形成的水系統，人類只花了短短200年就幾乎破壞殆盡。根據預測，在2050年之前，光是亞洲就會再增加10億人陷入缺水的窘境。氣候變遷讓各國面臨水資源短缺的危機。再不正視，缺水問題恐成全球最大風險！唯有運用新思維、新模式、新技術來面對迫在眉睫的「水問題」，才能打造讓所有人免於淹水、缺水之苦的永續安全水環境。

去碳化社會：
從低碳到脫碳，
尋求乾淨能源打造綠色永續環境

作者：InfoVisual研究所／定價：380元

從敲響地球暖化的警鐘到達成《巴黎協定》的過程，在聯合國的主導下，全世界都致力於減碳。甚至訂定了SDGs中的目標7「確保人人都享有負擔得起、可靠且永續的近代能源」。

為了我們自己，也為了我們的下一代，我們必須保有守護地球環境的決心與行動的魄力。現在正是時候！

跨越國境的塑膠與環境問題：
為下一代打造去塑化地球
我們需要做的事！

作者：InfoVisual研究所／定價：380元

海龜等生物誤食塑膠製品的新聞怵目驚心，世界各國皆因塑膠回收、處理問題而面臨困境，聯合國「永續發展目標（SDGs：Sustainable Development Goals）」其中一項目標就是「在2030年前大幅減少廢棄物的製造」。

然而，回到實際生活，狀況又是如何呢？塑膠被拋棄造成的環境問題，目前已有1億5000萬噸的塑膠累積在大海上。我們現在要開始做的事：真正地認識塑膠、了解世界現狀、逐步邁向脫塑生活。重新審視塑膠與環境問題，打開眼界學習「未來的新常識」！

SDGs超入門：
60分鐘讀懂聯合國永續發展目標
帶來的新商機

作者：Bound、功能聰子、佐藤寬／定價：380元

60分鐘完全掌握！

SDGs永續發展目標超入門！

什麼是SDGs？為什麼它會受到聯合國關注，成為全世界共同努力的目標？這個「全球新規則」會為商場帶來哪些全新常識？為什麼企業應該投入SDGs？

哪些領域將因此獲得商機？投資方式和經營策略又應該如何做調整？本書則利用全彩圖解淺顯易懂地解說這個龐大而複雜的問題。

InfoVisual 研究所

代表大嶋賢洋為中心的多名編輯、設計與CG人員從2007年開始活動，編輯、製作並出版了無數視覺內容。主要的作品有《插畫圖解伊斯蘭世界》（暫譯，日東書院本社）、《超級圖解 最淺顯易懂的基督教入門》（暫譯，東洋經濟新報社），還有「圖解學習」系列的《智人的祕密》、《從14歲開始學習 金錢說明書》、《從14歲開始認識AI》、《從14歲開始學習 天皇與皇室入門》、《從14歲開始學習地政學》、《從14歲開始思考資本主義》、《從14歲開始認識食物與人類的一萬年歷史》、《從14歲開始思考民主主義》（暫譯，皆為太田出版）等，中文譯作則有《圖解人類大歷史》（漫遊者文化）、《SDGs系列講堂 跨越國境的塑膠與環境問題》、《SDGs系列講堂 牽動全球的水資源與環境問題》、《SDGs系列講堂 全球氣候變遷》、《SDGs系列講堂 去碳化社會》、《近未來宇宙探索計畫：登陸月球×火星移居×太空旅行，人類星際活動全圖解！》、《SDGs系列講堂 零廢棄社會》（皆為台灣東販出版）等。

大嶋賢洋的圖解頻道

YouTube

https://www.youtube.com/channel/UCHlqINCSUiwz985o6KbAyqw

Twitter

@oshimazukai

[日文版 STAFF]

企劃・結構・執筆	豊田 菜穂子
圖解製作	大嶋 賢洋
插畫・圖版製作	高田 寛務
插畫	みのじ、二都呂 太郎
DTP	玉地 玲子
校對	鷗来堂

ZUKAI DE WAKARU 14SAI KARA SHIRU SEIBUTSU TAYOUSEI

Originally published in Japan in 2022 by OHTA PUBLISHING COMPANY,TOKYO.
Traditional Chinese translation rights arranged with OHTA PUBLISHING COMPANY ., TOKYO, through TOHAN CORPORATION, TOKYO.

SDGs 系列講堂 生物多樣性

守護生態基因庫，一同爲地球物種共生努力

2023 年 5 月 15 日初版第一刷發行
2024 年 7 月 1 日初版第二刷發行

作　　者　InfoVisual 研究所
譯　　者　童小芳
編　　輯　吳欣怡
發 行 人　若森稔雄
發 行 所　台灣東販股份有限公司
　　　　　<地址>台北市南京東路 4 段 130 號 2F-1
　　　　　<電話>（02）2577-8878
　　　　　<傳真>（02）2577-8896
　　　　　<網址> http://www.tohan.com.tw
郵撥帳號　1405049-4
法律顧問　蕭雄淋律師
總 經 銷　聯合發行股份有限公司
　　　　　<電話>（02）2917-8022

國家圖書館出版品預行編目資料

生物多樣性：守護生態基因庫,一同為地球物種共生努力/InfoVisual研究所著；童小芳譯. -- 初版. -- 臺北市：臺灣東販股份有限公司, 2023.05
96面；18.2×25.7公分. -- (SDGs系列講堂)
ISBN 978-626-329-775-3(平裝)

1.CST: 生物多樣性 2.CST: 環境保護

367　　112002389